SUPPLÉMENT

AU

MANUEL DU VIGNERON

FRANC-COMTOIS.

Tout exemplaire non revêtu de ma signature sera réputé contrefait, et tout contrefacteur ou débitant d'éditions contrefaites sera poursuivi conformément aux lois.

Le 1er volume du Manuel du vigneron, imprimé en 1860, a été médaillé à l'exposition universelle de Besançon.

SUPPLÉMENT

AU

MANUEL DU VIGNERON

FRANC-COMTOIS,

OU

L'ART DE CULTIVER ET D'AMÉLIORER LA VIGNE

De soigner et d'améliorer les vins;

AVEC

UN SECOND NOUVEAU PROCÉDÉ DE DISTILLATION,

Et les moyens de fabriquer de bons vins blancs mousseux,

PAR

ÉLIE GERBET,

Ancien marchand de vins à Arbois.

~~~~~~~~~

LONS-LE-SAUNIER,

IMPRIMERIE ET LITHOGRAPHIE DE HENRI DAMELET.

—

1864

AVERTISSEMENT.

Lorsque j'écrivis et publiai, l'automne dernier, mon petit ouvrage sur la culture de la vigne, ainsi que mes observations sur la vinification dans le Jura et les départements voisins, observations qui peuvent s'appliquer à beaucoup d'autres vignobles français, j'étais pressé par l'approche de la récolte e n'ai pu développer suffisamment tout ce que l'expérience m'avait appris et tout ce que je voulais faire connaître. Je ne pouvais non plus prévoir que nous ferions une récolte d'aussi mauvaise qualité.

J'ai voulu combler cette lacune, rectifier quelques fautes d'impression qui se sont glissées dans ma première brochure, et indiquer le moyen de bonifier et de conserver les vins de la dernière récolte; enfin, donner la manière d'en faire de bons, en s'y prenant au moment de la vendange, dans les années qui se présenteront dans les mêmes conditions que celle-ci.

J'avais encore plusieurs observations à faire sur la culture de la vigne, et des détails intéressants à donner sur les vins et sur la fabrication des eaux-de-vie de marc et autres; je vais en parler dans ce supplément.

SUPPLÉMENT

AU

MANUEL DU VIGNERON

FRANC-COMTOIS.

De la vigne.

J'engagerai d'abord chaque propriétaire ou vigneron à faire une pépinière d'une grandeur proportionnée à la quantité de vignes qu'il cultive. Il en retirera deux avantages bien certains. Le premier, c'est la certitude d'avoir l'espèce de plant qu'il désire cultiver, ce qui est très-difficile à reconnaître à la couleur du bois des provins, lorsqu'on les achète enracinés. Les vignerons les plus experts s'y trompent souvent, parce que la couleur du bois varie selon le terrain dans lequel les provins ont été plantés.

Il leur faut ordinairement trois années pour

parvenir à la grosseur nécessaire à être replantés. Si cependant on les avait placés dans un terrain fertile, on pourrait s'en servir au besoin à la troisième feuille, en choisissant les plus vigoureux.

L'autre avantage, c'est qu'on avance de deux années la production, de telle sorte qu'un provin peut rapporter la seconde année de sa replantation.

Cependant, dans les vignobles situés au midi de notre département, on agit différemment. Les vignerons, qui cherchent toujours le produit, ne se servent généralement que de bois simples pour provigner leurs vignes. En suivant mon conseil, ils obtiendront à peu de frais les deux avantages dont j'ai parlé, puisque, dans un faible espace de terrain, on peut planter plusieurs milliers de provins.

Pour faire convenablement le choix des plants, il faut, avant la récolte, faire une marque sur l'échalas des ceps qui portent les plus beaux fruits, surtout si ces ceps produisent du pulsard et du sauvagnin. On

compte deux sortes de pulsards et trois ou
quatre espèces de sauvagnins. C'est le sauvagnin à grains jaunes allongés qui produit le meilleur vin. Le sauvagnin corinthe
donne une qualité encore supérieure, mais
il rend trop peu pour les soins qu'exige sa
culture. On coupe les bois au printemps en
laissant une crosse de 2 à 3 centimètres; on
les plante à la bêche, en ayant soin de les
espacer de 40 centimètres les uns des autres; on donne ensuite un second coup de bêche
pour les distancer, avant de commencer un
second rang, et on opère de même pour les
autres rangs. Ce premier travail terminé, on
taille les bois de façon à ne leur laisser que
deux nœuds hors de terre.

La culture des provins n'exige aucun travail la première année; mais il faut faire deux
sarclages la seconde et la troisième année; le
premier avant la poussée, et le second après
l'ébourgeonnement, quand les bourgeons com-
mencent à être bien fixés. Ce n'est que la seconde et la troisième année que l'on doit faire
l'ébourgeonnement, et ne laisser à la taille de

ces deux années que deux nœuds sur le bois
le plus vigoureux et, autant que possible, le
plus rapproché de terre.

Plantation de la vigne.

J'ai dit qu'il faut faire des fosses profondes
pour que les ceps puissent prendre de la force
en croissant et s'enraciner; mais il faut observer d'abord la nature et la qualité du sol,
ainsi que les sortes de plants qu'on y veut
placer.

Dans les terrains argileux et marneux, il
ne faut pas planter profondément. Ces terrains étant froids de leur nature, en plantant
trop profondément, lorsque la fosse serait
remplie, les racines du fond se trouveraient
privées de l'action de la chaleur et finiraient
par pourrir. Il faut avoir soin de coucher le
provin dans la terre végétale et de ne pas le
recouvrir d'une terre qui serait d'une autre
nature, quoique prise dans le sous-sol de la
vigne. On trouve dans les gisements jurassi-
ques, à une profondeur plus ou moins grande,
un terrain jaune, graveleux, qu'on désigne

sous le nom de terre de four (1). Il faut bien se garder de l'employer pour terrer et ne pas y déposer les provins, qui n'y croîtraient pas ou ne feraient qu'y végéter.

Lorsqu'on plante une vigne ou qu'on veut la repeupler en y faisant des fosses, on doit avoir encore grand soin de ne se servir que de plants convenables au sol, et de changer insensiblement ceux qui ne conviennent pas au terrain. Ainsi le pulsard, le sauvagnin, le trousseau et tous les fins plants du Jura aiment les terres argileuses et marneuses, tandis que le gamay et tous les gros plants exigent des terres fertiles, chaudes et graveleuses. Le gamay et le noirin ou pineau de Bourgogne ne doivent pas être plantés profondément. A l'exception de ces deux derniers, tous les plants, gros ou fins, doivent être plantés aussi profondément que le sol le permet, et comme je l'ai dit plus haut.

Lorsqu'on plante une vigne, on doit choisir des plants convenables au sol et ne jamais mé-

(1) Ne m'étant jamais occupé de géologie, je ne puis déterminer la nature de cette terre.

langer des plants hâtifs avec des plants tardifs, même quand le terrain peut convenir
aux uns et aux autres. Le noirin et le gamay,
qui mûrissent de bonne heure, ne doivent pas
se trouver dans la même vigne que le pulsard et le sauvagnin, qui sont tardifs, parce
qu'on s'exposerait à perdre presque entièrement le produit des premiers ou à vendanger
les autres avant leur maturité; pour obvier
à cet inconvénient et ne pas faire de mauvais
vins, il faudrait vendanger en deux fois.

Lorsqu'on fait une fosse pour repeupler
une vigne et qu'il se trouve un cep chargé de
plusieurs bois, on peut les employer tous pour
servir de provins, en plaçant sur chacun d'eux
un lien ou maillon en fil de fer cuit au feu.
Le fil de fer laisse passer la sève pendant les
deux premières années, mais il finit par étran-
gler le sujet et par le séparer entièrement de
la souche principale. De cette façon, chaque
bois de vigne, en s'enracinant, forme un cep
séparé et grossit sans nuire aux autres.

En terminant mes observations sur la plantation de la vigne, je dirai que, contrairement

à l'opinion de quelques vignerons, l'emploi
du pieu ne convient pas pour la plantation
dans les départements de l'Est, de l'Ouest et
du Nord. Quoi qu'elle exige moins de travail
et qu'elle soit moins dispendieuse que l'autre,
cette méthode ne peut être appliquée que
dans un climat chaud, par exemple, dans les
vignobles du Midi de la France. Je crois
même que, dans le Midi, l'emploi des fosses
longues que nous appelons *raies*, serait préférable et donnerait de meilleurs résultats.
Dans nos départements, l'action de la chaleur
n'est pas assez puissante pour développer la
végétation du bois de vigne planté d'après
la méthode du pieu; aussi ne pourrait-il ni
prendre racines, ni fructifier.

Je me suis opposé au terrage de la vigne
avec de la terre de pré, ainsi qu'à l'emploi du
fumier chaud comme engrais. L'un et l'autre
ne peuvent être employés que dans les terres
basses, ordinairement plantées de gros plants
productifs, tels que le gueuche et le maldoux. Ces terres produisent du vin de mauvaise qualité, mais en grande quantité,

elles sont sujettes aux gelées de printemps et d'hiver et à la pourriture.

Ces manières de terrer et d'engraisser les vignes, je ne saurais trop le répéter, doivent être rejetées par toutes les personnes qui tiennent à faire de bons vins. Il ne faut chercher l'engrais que dans le sol même ou dans un sol semblable.

J'ai vu cet hiver, en sortant de Lons-le-Saunier, sur la route de Montmorot, une vigne parfaitement située, bon sol, terre argileuse par places, élevée en corgées et devant faire de bon vin. Une quarantaine d'ouvriers étaient occupés à dévaliser un beau pré pour en transporter la terre dans les places *bleues*. A cette vue, je me suis dit : « Malheureux propriétaire, tu vises au produit ; mais fais terrer encore une ou deux fois ta vigne de la sorte, et, au lieu de faire de bon vin, tu n'en feras plus que du mauvais ! Tu auras complètement changé et dénaturé ta vigne ! »

Ceux qui ne cherchent que le produit, en plantant des vignes dans les terres basses et dans la plaine, ne réfléchissent pas aux rudes et sensibles leçons que la Providence leur donne journellement!

Ces vignes ont gelé en bois, dans l'hiver de 1859 à 1860, et au printemps de 1861, elles ont gelé en bourgeons. Si je voulais citer tous les accidents de cette nature dont j'ai été témoin, il me faudrait employer plusieurs volumes.

Ne semble-t-il pas que l'Auteur de la nature ait placé une limite infranchissable devant l'homme ambitieux et irréfléchi? qu'il lui ait dit : « La côte est pour la vigne, réserve la plaine pour y récolter du blé et pour nourrir les animaux qui doivent aussi servir à la subsistance. » Mais ces hommes ne veulent pas entendre la voix qui leur parle; ils n'ont devant les yeux qu'un intérêt mal conçu et mal combiné. Laissons finir le chemin de fer, et ils recevront encore d'autres leçons?

De la taille et de la liaison de la vigne.

Je n'ai pas parlé de la taille de la vigne et j'ai donné la raison de mon silence. J'ai ce-

pendant quelques observations à faire sur
cette partie de la culture de la vigne.

Le gamay et le noirin doivent se tailler en
courçons (1). En les taillant de manière à les
lier en cerceaux ou corgées, ils portent moins
de fruits, s'épuisent et périssent plus tôt.

Le pulsard, qui se taille toujours en corgées, ne porte pas de fruits quand on laisse
la corgée sur le vieux bois.

Le sauvagnin, qui doit toujours être à une
faible élévation du sol, porte sur le vieux bois.
Comme tous les autres fins plants du Jura, il
faut le tailler en corgées que l'on doit toujours laisser courtes.

Le maldoux ou grand picot, taillé court,
de 5 à 6 nœuds, ne doit porter qu'une seule
corgée, et il faut avoir soin de rogner le raisin d'un quart, avant la fleur, autrement il ne
mûrirait qu'imparfaitement. Cette opération
lui fait porter de beaux fruits.

En général, autant que faire se peut, il faut
prendre la corgée sur le bois de l'année précédente. C'est à la grosseur et à la vigueur

(1) En cornes.

des bois que l'on connaît si l'on doit *charger* ou non (1).

Il vaut beaucoup mieux ne pas *charger* de corgées qu'en trop laisser, ce que fait presque toujours le mauvais vigneron qui cherche le produit. Il ruine en peu de temps sa vigne, ne récolte que des raisins chétifs et finit par ne faire produire que des bois minces et courts; le pied de vigne est alors épuisé ou, autrement dit, ruiné.

Dans ce cas, et chaque fois que le cep ne produit que des bourgeons chétifs, il faut ne laisser qu'un seul courçon, et tailler de la sorte jusqu'à ce que le cep produise des bois vigoureux; on le met alors en corgées. C'est une règle générale pour toute espèce de plants.

Quelle que soit la force ou grosseur du cep, il faut toujours l'élever sur une seule tige, qu'on doive le tailler en corgées ou en courçons. Lorsqu'il est destiné à être mis en corgée, son élévation doit être de 40 à 50 centi-

(1) Le mot *charger* veut dire : ajouter une corgée ou un ou deux courçons.

2

mètres, hauteur à laquelle on fixe à l'échalas
la première attache que nos vignerons du
Jura nomment *maillon*. La seconde attache,
après avoir formé le cerceau ou corgée, doit
être fixée à 15 centimètres du sol, afin que
les raisins qui sortent du bourgeon situé à
l'extrémité de la corgée, et qui sont ordinairement les plus gros et les plus beaux, ne
touchent pas la terre en croissant. On appelle
ce bourgeon *mouché*, parce qu'en ébour-
geonnant, on doit d'abord le rogner à son extrémité, et plus tard, lorsque les raisins sont
en verjus, on le rogne une seconde fois à deux
ou trois nœuds du raisin. Cette opération,
qui appartient à l'ébourgeonnement, a pour
but de refouler la sève qui se porte en grande
abondance dans les bourgeons supérieurs.
Si on négligeait cette précaution, les premiers
bourgeons seraient privés de sève et, l'année
suivante, on ne trouverait pas de bois assez
forts et convenables pour y établir la corgée.

Si je parle de nouveau de cette opération
essentielle de l'ébourgeonnement, quoique
j'aie déjà traité ce sujet dans ma première

brochure (1), c'est que je la considère comme le travail de la vigne le plus nécessaire et le plus urgent. C'est aussi l'avis de M. Dubreuil, célèbre professeur d'arboriculture ; et lors de son passage dans notre département, il s'est beaucoup étendu sur ce sujet, et nous a recommandé cette opération d'une manière spéciale.

Lorsqu'on taille en courçons, on doit également élever progressivement le cep sur une seule tige, à 15 ou 20 centimètres de hauteur, et de là établir les courçons sur lesquels on placera les autres les années suivantes. Par cette élévation, on évitera bien souvent, au printemps, les gelées de bourgeons qui frappent les tiges rapprochées de la terre. En outre, les raisins, arrivés à leur grosseur, ne toucheront pas le sol et obtiendront une maturité plus parfaite.

Que l'on taille en corgées ou en courçons, il ne faut jamais laisser de nœud ou repaire

(1) Page 21, où il s'est glissé deux fautes d'impression qu'on trouvera rectifiées à la fin de cette deuxième brochure.

au pied du cep, parce que ce courçon, placé près des racines de la vigne, attirerait dans ses bourgeons la plus grande partie de la sève, au détriment des bourgeons supérieurs.

Cependant, dans certains vignobles bas et situés en plaine, on a l'habitude de coucher les ceps pour les préserver, en hiver, de la gelée des bois à laquelle ils sont sujets. Cette opération consiste à courber dans la terre le cep ou seulement un ou deux bourgeons, qu'on recouvre pour les garantir du froid. Il est d'usage, quand on fait ce travail, de laisser un nœud au pied des ceps qui sont trop gros pour qu'on puisse les courber sans risquer de les rompre. Dans ce cas seulement, on laisse ce nœud ; mais il faut en tenir compte en le taillant, et avoir soin de le moins charger.

C'est en taillant qu'on doit diriger le cep et les corgées, ce que les vignerons appellent : *donner de la tournure.*

Les corgées doivent se diriger naturellement dans le sens de l'échalas auquel elles seront attachées; pour cela, il faut souvent sacrifier

le plus beau sujet pour en prendre un autre
moins beau, mais qui est mieux placé. La
sève le féconderà toujours assez; et, si on ne
charge pas trop le cep, il portera de beaux
fruits.

Il faut aussi toujours avoir soin de tenir
le cep droit; s'il a pris une position inclinée,
on se sert d'un fort échalas pour le redresser.
Cette opération ne peut être faite par une
femme, qui n'a ni le goût ni la force nécessaires. Pour se convaincre de cette vérité, il
suffit de jeter les yeux sur une grande quantité des vignes qui sont liées par elles.

Les corgées doivent être séparées et, autant que possible, opposées les unes aux
autres, afin que les bourgeons ne s'entre-
lacent pas en croissant, et que les raisins
puissent tous recevoir l'action du soleil et de
l'air.

Lorsque deux ceps ont crû trop rapprochés
l'un de l'autre, il faut les séparer de la même
manière, pour obtenir le même résultat.

Quand les vignes sont situées sur des cô-
teaux, les corgées doivent être bouclées en

amont, tandis que dans les vignes situées
dans la plaine, elles doivent être bouclées du
côté du levant ou du côté du midi.

J'engage les vignerons qui taillent en courçons, à lier leurs vignes dès que le raisin est
défleuri et bien noué. C'est de cette manière
qu'on procède en Bourgogne et dans beaucoup d'autres vignobles.

Je vais maintenant dire quelques mots sur
la greffe de la vigne.

J'ai pratiqué la greffe de la vigne en fente
de la même manière qu'elle s'opère sur les
autres arbres; mais comme le bois de vigne
est très-poreux, il faut prendre un instrument
bien affilé pour tailler la jeune greffe. On
coupe la souche entre deux terres, à 8 ou 10
centimètres de profondeur et on place sa
greffe (1); on recouvre ensuite avec du mas-
tic ou autre bitume et on ramène avec précaution la terre un peu plus haut que le niveau de la greffe. Cette méthode m'a toujours bien réussi et je ne me souviens pas
d'avoir manqué une seule greffe.

(1) On peut en mettre deux sur les grosses souches.

J'ai assisté, à Mantry, dans les jardins de M. le maire, à une leçon de M. Dubreuil. Il conseillait de couper les bois en sifflet et d'ajuster la greffe par une entaille faite au jeune bois, en ayant soin de laisser à la tige un prolongement pour qu'elle puisse prendre racine. Cette manière est excellente assurément, mais il faut pratiquer la coupe à 30 ou 40 centimètres de profondeur. Ce célèbre professeur ne sait probablement pas que presque tous les vignerons du Jura provignent à une moindre profondeur, et qu'à 40 centimètres au-dessous du sol, il n'existe plus rien. Ceci prouve qu'il pense, comme moi, qu'on devrait provigner plus profondément qu'on ne le fait habituellement dans notre pays.

Vendanges et manière dont on doit égrapper les raisins en Franche-Comté.

Avant de parler de cette opération, je recommanderai l'emploi de la trémie à deux cylindres en bois, pour écraser les grains des raisins que l'on cuve avec ou sans la grappe.

Ce foulage (1) ou écrasage, que Chaptal et d'autres œnologues recommandent, et dont on trouvera plus loin la définition et les avantages décrits par ce savant, ce foulage, dis-je, a pour but d'exciter la fermentation et de la rendre égale.

La trémie à deux cylindres n'était pas inventée lorsque Chaptal écrivait. On en trouve en Bourgogne et chez M. Héroz à Lons-le-Saunier. Cet instrument peu coûteux est facile à établir à peu de frais. Le vigneron un peu adroit et intelligent peut facilement s'en fabriquer un à temps perdu. Il se place sur une cuve ou sapine, et, après avoir égrappé, on passe la vendange entre les deux cylindres pour écraser les grains; en lui donnant plus de voie, il sert aussi à écraser les raisins qu'on veut faire cuver avec la grappe, et c'est pour faire cette dernière opération qu'il est vraiment utile et expéditif. On pourrait encore l'adapter au tuyau qui sert à conduire la vendange

(1) Le mot *foulage*, qu'emploient ces œnologues, veut dire presser, écraser.

égrappée dans la cuve ou le foudre; elle y tomberait alors toute foulée ou écrasée.

Pour vendanger, on transporte à la vigne une cuve ou sapine qui a ordinairement un mètre trente centimètres de diamètre à l'ouverture supérieure, et 70 à 75 centimètres de hauteur. A 20 centimètres de son orifice, un cercle en bois est fixé dans sa partie intérieure, cercle sur lequel on place un faux fond percé de trous de 2 à 3 centimètres de diamètre, séparés les uns des autres de 5 à 6 centimètres. Il faut avoir une autre petite cuve dans laquelle on dépose les grappes, que l'on presse avec les pieds pour les faire égoutter. Lorsqu'on suppose que la cuve à égrapper n'est pas suffisante pour contenir toute la vendange, ou que l'on craint d'être embarrassé par l'excédant, on le dépose dans une autre cuve préparée à cet effet. Les vendangeuses sont pourvues chacune d'un seau en bois de sapin. Celui qui égrappe, lorsque les vendangeuses ne sont pas trop nombreuses, fait ordinairement l'ouvrage de deux hommes, celui de porte-bouille et celui d'égrappeur; en cas contraire, on en emploie deux.

Après avoir rempli sa bouille de raisins près des vendangeuses, le porteur la verse sur le faux fond. Il prend alors un instrument qu'on nomme égrappoir et qu'il promène avec force, par un mouvement de va et vient, sur les raisins déposés sur le faux fond; les grains, détachés de leur grappe, passent par les trous et tombent dans l'intérieur de la cuve. Il ne reste plus alors que les grappes, qu'il secoue fortement avec son égrappoir pour détacher les quelques grains qui pourraient s'y trouver encore.

L'égrappoir, construit en bois ou en fer, a une forme demi-sphérique, d'une longueur de 70 centimètres; il est garni de fortes dents de 7 à 8 centimètres, placées à égale distance les unes des autres. Cet instrument est terminé par un manche recourbé aux deux extrémités, pour qu'on puisse le prendre avec les mains.

Cette manière d'égrapper est prompte et facile, quoiqu'un peu pénible. Lorsque les cuves sont suffisamment remplies de vendange, on va les vider dans un tonneau que l'on appelle *bosse*.

Ce fût, à large bonde de 9 à 10 centimètres, et de la contenance de 600 à 700 litres, charge ordinaire d'un cheval, est placé et fixé en travers sur une voiture, où il reste pendant tout le temps des vendanges. On introduit la vendange dans ce tonneau à l'aide d'un entonnoir en fer blanc, à large douille de la dimension de la bonde.

Cette bosse a une forme ovale; elle est ordinairement en bois de chêne et cerclée en fer. On pratique à chaque fond une porte de la grandeur de celle d'un foudre, pour qu'elle se trouve toujours bien tournée, de quelque côté que l'on arrive. Chacune de ces deux portes est munie d'une forte vis en fer et les écrous sont pourvus de deux manches en forme d'aviron; ils servent à ouvrir et à fermer les portes à volonté, sans être obligé de se servir d'une clef. Lorsqu'on arrive à la cuverie, on place sous l'une de ces portes, qu'on desserre, une cuve destinée à recevoir la vendange, et, à l'aide d'un petit râble, on finit de la vider. Un homme seul peut sans peine faire cet ouvrage, qui autrement réclame l'intervention de plusieurs personnes.

Telle est la manière de vendanger en Franche-Comté ; dans les contrées les plus avancées dans la culture de la vigne, je conseillerai en outre l'emploi de la trémie à deux cylindres.

Amélioration des vins de pressoir.

Lorsque le marc est pressé suffisamment, vous prenez une cuve à égrapper, telle que je viens de la décrire dans le paragraphe précédent. Vous la posez sur deux mâts assez élevés pour pouvoir y adapter une canne et soutirer le liquide qu'elle contiendra plus tard ; vous mettez ensuite sur le faux fond une légère couche de grappes que vous couvrez, presque jusqu'à la superficie de la cuve, de marcs pressés et bien serrés. Vous versez ensuite ce vin, tel qu'il sort du pressoir, sur ces marcs qui forment un filtre destiné à rece-

voir la plus grande partie de la lie. Vous pouvez recommencer cette opération plusieurs
fois, mais il faut avoir bien soin de changer
les marcs, quand ils sont trop chargés de lie.
Vous pressez de nouveau les marcs, et si vous
ne voulez pas ajouter votre vin de pressoir au
vin de tirage, vous pouvez le coller de suite
au sang, un peu fortement. En différant ce
collage de 24 heures, le vin pourrait fermenter de nouveau et la colle ne prendrait
pas. Lorsque vous voulez coller, n'oubliez pas
auparavant, afin de suspendre la fermentation,
de mècher légèrement le tonneau dans lequel
vous devez déposer ce vin de pressurage fil-
tré. Vous le soutirez 24 heures ou 48 heures
après l'avoir collé, pour que la lie ne re-
monte pas au moment de la fermentation. Il
faut surveiller le collage avec soin et soutirer
le vin dès qu'il s'est éclairci, même quand
on a manqué la colle (1).

(1) Voir mon *Manuel du vigneron*, p. 45.

Mise des vins rouges en bouteilles (1).

Lorsque les vins rouges sont bien clairs, il ne faut pas, comme beaucoup de personnes le font, les coller avant de les mettre en bou-teilles. Ceux qui ne sont pas collés ne for-ment qu'un dépôt qui, au bout de quelque temps, adhère à la bouteille, tandis qu'un lé-ger dépôt se mélangera toujours avec les vins qui ont été collés avant la mise en bouteilles.

Lorsqu'on est obligé de coller du vin, il ne faut le mettre en bouteilles qu'un mois au moins après le collage. Il serait même mieux d'enlever la colle et d'attendre, pour le mettre en bouteilles, qu'il ait acquis une nouvelle limpidité. Il ne faut jamais choisir les époques de la vigne pour mettre le vin en bouteilles; les mois de l'année qui conviennent le mieux pour cette opération, sont ceux de mars, d'avril et de novembre.

Quand on sert sur une table du vin en bou-teilles, il faut avoir soin de le transvaser et

(1) Voir mon *Manuel du vigneron*, p. 45.

de le tenir toujours bien bouché, afin d'é-
viter l'évaporation et la perte du bouquet.

Lorsque le dépôt du vin est adhérent à la
bouteille, il faut la faire rincer dès qu'elle est
vide, ou tout au moins la remplir d'eau; si on
la laissait 24 heures seulement, sans prendre
cette précaution, le dépôt s'y attacherait et il
deviendrait presque impossible de l'enlever.

Vins blancs.

J'ai dit (1) que ce n'est que par la pratique
qu'on peut apprendre à faire les vins blancs
mousseux comme en Champagne. Avec la
théorie, il est impossible de bien faire cette
opération. Toutes les personnes qui s'en occupent par la théorie, les font mal et nuisent
à celles qui connaissent la pratique et qui s'en
occupent spécialement. Elles nuisent aussi à
la réputation des vins mousseux, que nous
pouvons faire dans le Jura aussi bons qu'en
Champagne, et à moins de frais, parce que

(1) Voir mon *Manuel du vigneron*, p. 50 et 51.

les vins blancs des bons vignobles du Jura
coûtent moins cher et sont naturellement plus
mousseux que ceux de la Champagne. J'ai pu
en faire l'appréciation à Aï et à Epernay, où
j'ai appris, pendant sept mois la fabrication
des vins mousseux.

Tous les auteurs qui ont voulu l'enseigner
par la théorie sont arrivés aux mêmes résultats que s'ils avaient appris à un soldat le
maniement des armes, sans jamais lui mettre
une arme entre les mains.

Je veux cependant indiquer un moyen de
faire un bon vin blanc mousseux, parce que
ce travail est facile et à la portée de tout le
monde. J'ai déjà parlé de ce procédé dans ma
précédente brochure; mais les détails que
j'ai donnés ne me paraissent pas suffisants
pour les personnes qui sont complètement
étrangères à ce travail. D'après le procédé que
je vais indiquer, on n'est pas obligé de dé-
gorger le vin après l'avoir mis en bouteilles;
son dépôt n'est qu'un léger sable qui tombe
au dernier verre de vin sans troubler le liquide. Ce travail, comme tous ceux qui con-

cernent les vins, ne demande que des soins
et de l'exactitude.

Beaucoup d'auteurs conseillent de vendanger à la rosée, pour faire des vins mousseux,
c'est une recommandation que je crois, sinon
inutile, du moins superflue.

Il faut récolter les raisins bien mûrs; les
faire transporter sur le pressoir avec précaution, pour ne pas les froisser; presser la
grappe avec agilité, surtout si l'on emploie
des raisins rouges; donner deux cuves au
moût au sortir du pressoir; enfin soigner ce
vin comme je l'ai dit dans ma première brochure, pages 46 et suivantes.

Seulement, il faut répéter les soutirages
plus souvent en février et en mars, en ayant
soin de mécher à chaque soutirage, afin de
l'éclaircir sans le coller. Autrement, il dé-
poserait, et ce léger dépôt le troublerait.
Il est indispensable aussi de le mettre dans
une cave fraîche. Cependant si, à la fin de
mars ou au commencement d'avril, il n'était
pas suffisamment clair, ce qui peut arriver
quelquefois quand on ne l'a pas soutiré assez

3

tôt, on devrait, sans différer, le coller à la
colle de poisson ; mais on aurait soin de ne le
laisser que quelques jours sur colle et de le
mettre ensuite en bouteilles. Cette opération
peut être différée jusqu'au moment de la flo-
raison de la vigne. Les bouteilles sont alors
placées debout dans une cave fraîche, et,
lorsque la place manque, c'est-à-dire lorsque
la cave n'est pas assez grande pour contenir
toutes les bouteilles droites, on nivelle bien
le terrain sur lequel on doit établir le premier rang de bouteilles, en les serrant les
unes contre les autres ; ensuite, on place sur
ce premier rang des planches minces ou lam-
bris, qui sont destinées à recevoir un second
rang, et ainsi de suite, sans craindre de les
casser. J'en ai monté ainsi jusqu'à dix rangs,
sans accidents. Sur la fin du mois de juillet,
si le vin ne moussait pas, on coucherait les
bouteilles ; mais pour peu qu'il mousse, on
devrait attendre jusqu'à la fin de l'automne.
Le vin prend ordinairement une mousse suffisante dans le courant du mois d'août ou de
septembre.

Les vins rosés ou clairets se traitent de la
même manière que les vins blancs. Les raisins
qu'on a soin d'égrapper ont plus de couleur,
mais il faut toujours prendre des raisins bien
mûrs et récoltés par un beau jour. Quand les
raisins sont pressés avec la grappe, ils s'é-
claircissent mieux que les autres, sans qu'il
soit besoin de les coller. Quand on emploie
cette seconde méthode, on dépose les raisins
noirs sur le pressoir, on donne une pression
assez légère pour que le moût ne fasse que
mouiller les raisins, puis on les laisse ainsi
pendant deux ou trois heures, suivant l'élévation de la température. On continue ensuite
de presser et de soigner le moût, comme celui
du vin blanc. Il ne faut pas presser jusqu'à
extinction ces deux sortes de vins, surtout
dans les années où la maturité n'est pas parfaite, afin de ne prendre que le meilleur moût,
celui qui contient le plus de parties saccharines (1).

Il arrive souvent, dans les années où la

_____

(1) Sucrées.

maturité laisse à désirer, que les vins qu'elles
produisent perdent une grande partie de leurs
principes sucrés ; quelquefois même ils les
perdent entièrement, avant la mise en bouteilles. Voici un moyen de réparer ce qu'on
n'a pas pu obtenir naturellement. Cependant
je conseille de ne l'employer que lorsque les
vins seront trop acides, et seulement dans le
cas où il ne leur manquerait qu'une faible
quantité de parties sucrées.

On prend une certaine quantité de sucre
blanc ou mieux de sucre candi, quantité qu'on
doit proportionner à celle du vin qu'on veut
adoucir, et sur le plus ou moins de douceur
que possède le vin, après avoir été clarifié et
avant la mise en bouteilles.

Le sucre blanc produit plus de mousse que
le sucre candi, mais il donne souvent au vin
une certaine amertume. On fait fondre dans
un petit tonneau le sucre, qu'on fait baigner
dans le vin qu'on veut mettre en bouteilles. Il
faut environ un kilogramme de sucre par litre
de vin. Cette préparation doit être faite à
l'avance, parce que la dissolution demande

beaucoup de temps. On agite le tonneau deux ou trois fois par jour, et même plus souvent, jusqu'à ce que le sucre soit entièrement fondu. On ajoute ensuite un demi-litre de 3/6 bon goût, sur 10 litres environ de ce sirop. La quantité de 3/6 doit dépendre de la quantité d'alcool que possède le vin à mettre en bouteilles, ou de la force qu'on veut lui donner. Je ferai cependant remarquer qu'une trop grande quantité d'alcool empêche la mousse. Enfin, pour clarifier ce sirop, on le passe dans une chausse préparée comme il est dit plus loin; on en verse une certaine quantité dans chacune des bouteilles et on les remplit de vin; on agite les bouteilles pour mélanger le sirop avec le vin; puis on goûte ce mélange pour savoir quelle est la quantité de sirop que l'on doit ajouter dans chaque bouteille. Dans la Champagne, on emploie à cet effet une série de mesures en fer-blanc, qui marquent de un à dix pour cent. Il ne faut pas craindre de forcer un peu la dose, parce que la fermentation qui s'établira ensuite dans la bouteille en détruira une partie.

Il faut se servir de bons bouchons, boucher
à la mécanique, et ficeler en forme de croix
de St-André. On agite ensuite les bouteilles
pour mélanger le sirop, et on les place comme
je l'ai déjà dit plus haut.

On ne doit pas ajouter le sirop au vin avant
sa parfaite clarification, parce qu'il pourrait
exciter une subite fermentation, ou l'augmenter, si elle existait déjà. Dans ce dernier cas,
au lieu d'adoucir le vin, le sirop exciterait
une fermentation tumultueuse et détruirait
toute la partie sucrée, qui se tournerait en alcool. Ce fait se présente surtout dans les vins
blancs de sauvagnin ; il est plus rare et moins
dangereux dans les vins clairets.

On pourrait encore, avant la mise en bouteilles, ou au moment de cette opération, se
servir d'un petit fût bien propre ; on introduirait dedans le sirop avec le vin, à la dose
voulue, et on mettrait en bouteilles, après
avoir agité le liquide avant et pendant l'opération. Pour que le sirop se mélangeât mieux
avec le vin, il faudrait, en soutirant le vin
d'un plus grand fût pour le mettre dans le pe-

til, verser dans chaque seau une certaine quantité de sirop et soutirer le vin dessus. Malgré cette précaution, on devrait encore agiter le mélange, ayant la mise en bouteilles.

Ce procédé est plus expéditif que le premier, lorsqu'il s'agit d'un assez fort tirage.

Quant aux vins blancs que l'on veut vendre en tonneaux, on doit en peser le moût au pressoir, mais ne verser le sirop qu'après le premier soutirage en fût, et agir comme il est dit plus loin pour les vins rouges.

Préparation de la chausse à filtrer.

La chausse doit être en flanelle ou molleton à longs poils, et d'une capacité proportionnée aux quantités que l'on aura à filtrer. Toutes les fois que l'on s'en sera servi, on aura soin de bien la laver pour en exprimer toute la partie sucrée, autrement elle en resterait imprégnée et se gâterait. Lorsqu'on ne s'en sert pas, on doit la tenir suspendue et la secouer souvent en été, pour empêcher les insectes de la détériorer. La chausse doit posséder, à sa partie

supérieure, quatre boucles en tresse; on passe
dans ces boucles deux bâtons que l'on pose
sur deux dos de chaises ou sur des tréteaux
assez élevés pour qu'on puisse *couper* facilement et remplacer, quand il est plein, le vase
placé sous la chausse pour recevoir le sirop.
On se sert, pour préparer la chausse d'une
feuille ou d'une demi-feuille de papier sans
colle, d'après sa dimension, et on opère
comme il suit :

On froisse ce papier de manière à en faire
une boule; on le trempe dans l'eau claire et
on le tourne entre les mains jusqu'à ce qu'il
soit bien divisé. On prend alors un ou deux
litres de sirop dans un seau, et on divise le
papier en très-petits morceaux qu'on laisse
tomber dans le sirop; puis, à l'aide d'un
fouet, on bat de la même manière qu'on le
fait pour agiter la colle, jusqu'à ce que le papier soit entièrement divisé. On ajoute une
certaine quantité de sirop, suivant la grandeur
de la chausse ou la quantité que l'on a à filtrer. On verse rapidement ce liquide dans la
chausse, bien au milieu de son ouverture; on

recoupe et reverse de la même manière, jusqu'à ce qu'enfin le sirop sorte clair et brillant. On peut alors le mettre en bouteilles.

C'est ainsi que la chausse doit être préparée pour les liqueurs, sirops, etc., que l'on a à filtrer. — Mais si l'on avait à filtrer des lies de vin, il faudrait employer une forte chausse en toile et filtrer d'abord sans mettre de papier; on repasserait ensuite les lies dans une autre chausse préparée comme ci-dessus, avec un peu moins de papier sans colle.

Conservation des vins faibles, et moyen de faire disparaître leur goût acide.

Lorsque, comme cette année (1860), on a récolté des vins faibles, et qu'on n'a pas employé, pour les améliorer, le procédé que j'indiquerai plus loin, il faut les soutirer à l'époque de la vendange et verser dedans, selon leur degré de faiblesse, un ou deux litres de 3/6 par hectolitre; quelquefois un seul litre suffit. Le 3/6 bon goût de céréales est aussi bon que celui de vin; il est même plus chargé.

d'alcool; on le tire ordinairement à 90 degrés, tandis que celui de vin n'est tiré qu'à
86. Il faut bien s'assurer qu'il est bon goût,
et en voici la manière : On prend un petit
verre de ce 3/6 dans lequel on met une quantité à peu près égale d'eau chaude ; on agite
ce mélange et on le laisse refroidir, puis on
déguste ; l'odorat et la dégustation feront
juger de sa bonne ou mauvaise qualité, de
son plus ou moins de franchise. Il faut aussi
s'assurer de son titre au moyen de l'aréomètre.

Par la chaleur, les alcools tirent plus que
leur degré réel, tandis qu'ils en tirent moins
par le froid. C'est à la température de 15 degrés que l'aréomètre indique le titre d'une
manière à peu près précise. Pour l'avoir exac-
tement, il faut employer le thermomètre cen-
tigrade.

Quand le thermomètre montre de 16 à 18
degrés, il faut en retrancher un ; de 19 à 20,
on en retranche deux environ, et ainsi de
suite, en partant de 15 degrés, point central.
Au contraire, il faut ajouter un degré s'il en

montre de 14 à 11; et deux degrés s'il en
montre de 10 à 9, et ainsi de suite.

En soutirant le vin, on verse dans le seau
qui est sous la canne un litre de 3/6 qui se dé-
double. On opère ainsi d'après la quantité de
3/6 qu'on a à introduire dans le foudre ou
autre fût moins grand, pour que l'alcool se
trouve répandu dans le vin de distance en distance; puis, lorsque le fût est rempli, on agite
encore le vin au moyen d'un bâton ou d'une
petite perche, afin de bien le mélanger avec
l'alcool. Deux ou trois jours après, si le vin
est un peu trouble, ce qui est assez probable,
on le colle légèrement et on le soutire au bout
de quelque temps. Ce vin ne doit être livré à
la consommation qu'un ou deux mois après,
pour laisser à ces deux liquides le temps de
se mélanger. Cette addition de 3/6 et le collage font tomber la verdeur du vin et lui ren-
dent l'alcool qui lui manquait pour qu'on
puisse le conserver. Il faut avoir soin que les
tonneaux soient toujours pleins jusqu'à la
bonde.

Un excellent moyen pour préserver les vins

du contact de l'air qui en est le destructeur,
serait de verser dessus une quantité d'eau-de-
vie ou de 3/6 bon goût, suffisante, pour qu'il
surnage et les recouvre entièrement.

Dans les vignobles du Midi, on se sert
d'huile d'olive au lieu d'alcool. Il me semble
cependant que l'alcool, qui pénètre à la longue
dans les vins, est bien préférable. Il empêche
les fleurs et préserve les vins fins du goût
acide et d'autres maladies. On peut aussi, par
ce moyen, préserver les vins qu'on met dans
des fûts en vidange. Toutes les fois qu'on met
en vidange un fût ou un foudre, ce qui arrive très-fréquemment chez les marchands de
vins, et que ce tonneau doit rester plus ou
moins longtemps dans cet état, il faut toujours le mécher sur-le-champ, en ôtant le
soupirail, pour que le gaz acide sulfurique
fasse le vide. Si on attendait 24 heures pour
le mécher, la mèche ne brûlerait pas. En suivant ce principe et en le répétant toutes les
fois qu'on tirera une certaine quantité de vin,
le vin ne se couvrira pas de fleurs et se conservera toujours en bon état.

On devra retirer la mèche dès que le gaz sortira par le soupirail, et surtout ne pas en laisser tomber le résidu dans le vin.

Distillation des marcs et préparation de l'alambic (1).

Pour faire de bonne eau-de-vie, il faut avant la distillation, verser dans l'alambic cinq ou six seaux d'eau et la mettre en état d'ébullition pendant 3 ou 4 heures, comme si l'on distillait de l'eau-de-vie ; la vapeur de l'eau se condense dans le serpentin, qu'elle nettoie, ainsi que la tête. La chaudière se trouve également nettoyée et dégagée du vert-de-gris et des autres corps nuisibles qui y adhèrent, et qui se détacheraient partiellement à chaque cuite, ce qui donnerait le goût d'airain et autres mauvais goûts à l'eau-de-vie.

Quand on veut mettre du vin dans un fût, on s'assure d'abord qu'il ne coule pas et qu'il n'a pas de mauvais goût. Dans le cas où l'un de ces inconvénients existerait, on se garde-

(1) Voir mon *Manuel du vigneron*, p. 55 et suivantes.

rait bien d'y mettre du vin avant de l'avoir
fait disparaître. Mais on n'a pas l'habitude
d'agir de même pour faire l'eau-de-vie, qui
exige cependant autant de soins que le vin.
On ne prend aucune précaution ; on monte
son alambic, on le charge, on passe la première cuite en *flegmes* ou *blanquettes*, sans
tenir compte des saletés ou du vert-de-gris
qu'elles contiennent ; et, pour ne rien perdre,
on les ajoute, ainsi imprégnées, à la cuite suivante. L'eau-de-vie prend alors de mauvais
goûts qu'on éviterait en prenant la précaution dont je viens de parler, précaution peu
dispendieuse et qui ne demande que quelques
heures et quelques fagots ou autres combus-
tibles.

Quand on a bien préparé l'alambic, on doit
continuer la distillation sans interruption. Cependant il n'y aurait pas d'inconvénient à
s'arrêter pendant 24 heures ; ce laps de temps
n'est pas suffisant pour que le vert-de-gris
puisse se former de nouveau. Il y a encore
quelques précautions générales à prendre
dans la distillation.

Toutes les fois qu'on fait marcher l'alambic, il faut remarquer s'il tombe des parties verdatres dans les flegmes ou blanquettes. Dans le cas où il y en aurait, on doit faire de sacrifice de ce liquide et le jeter immédiatement. On obtiendra ainsi une eau-de-vie meilleure et bien plus agréable, que les cuites suivantes bonifieront encore.

J'ai vu souvent des vignerons-propriétaires, qui paraissaient avoir cependant une certaine intelligence, employer un procédé que je trouve mauvais et contre lequel je me récrie hautement. Ils prennent l'eau tiède qui a servi dans le réfrigérant, c'est-à-dire dans le tonneau où se trouve le serpentin, eau qui, n'étant changée que partiellement, prend un goût d'airain en séjournant au contact du serpentin. Ils la versent dans l'alambic, comme moyen économique et pour avancer l'ébullition. Mais cette eau communique son mauvais goût à l'eau-de-vie, qui le conservera toujours. Ceux qui peuvent retirer plus d'eau-de-vie en mettant peu d'eau dans leur alambic, agissent de la même manière. Ils supposent qu'un seau d'eau de plus absorberait une certaine quantité d'alcool ; ils préfèrent laisser brûler et attacher les marcs au fond de l'appareil, et s'exposer infailliblement à obtenir de l'eau-de-vie ayant le goût de fumée. Ils éviteraient cet inconvénient avec un seau d'eau de plus, et je puis leur assurer qu'ils retireraient tout autant d'eau-de-vie.

Ceci m'amène naturellement à revenir sur ce que j'ai dit dans ma première brochure, page 56, et que je ne saurais trop répéter aux personnes qui veulent obtenir une bonne qualité et une plus grande quantité. Ce moyen est bien simple : il consiste à remettre, au sortir du pressoir, les marcs en fermentation, à l'aide de l'eau tiède, chauffée dans son entier volume à 25 ou 30 degrés et même plus. Il est encore préférable de mettre l'eau froide dans une cuve ou sapine, de verser dessus de l'eau bouillante dans laquelle on met de la mélasse ou de la levure de bière ; d'obtenir ainsi une chaleur que la main puisse facilement supporter, et de verser sur les marcs cette eau ainsi préparée. Ceux qui préfèrent mettre l'eau froide sur les marcs doivent verser l'eau bouillante dans l'intérieur du foudre ou de la cuve, à l'aide d'un tuyau, jusqu'à 2/3 de profondeur. Cette simple méthode peut suffire, mais il y a avantage à mettre de la mélasse ou de la levure de bière, et même l'un et l'autre. Il ne faut pas craindre de mettre de l'eau, ce liquide doit entrer tout entier dans l'alambic en distillant.

La mélasse est bonne pour exciter la fermentation des marcs, mais elle ne doit pas être employée dans la vendange ; elle donnerait infailliblement un mauvais goût au vin, tout en excitant une forte fermentation. (1).

Il faut bien fermer le foudre ou couvrir la cuve d'une couche de terre glaise suffisamment délayée avec de l'eau, et ne distiller qu'après l'achèvement complet de la fermentation. Il faut ensuite surveiller la cuve et remplir les gerçures avec le même enduit ou avec des cendres, afin d'éviter l'acide et le contact de l'air.

(1) Voir plus loin.

4

Il ne faut pas craindre de se servir de cette boisson pour distiller, et d'en mettre dans l'alambic ; en y substituant de l'eau, le produit disparaîtrait en grande partie.

Un fait prouvera mieux ce que j'avance que les meilleurs raisonnements.

J'ai déjà vu quelques propriétaires qui ont essayé ce procédé ; entre autres, un propriétaire de Montchauvrot, dont je tairai le nom. Voici ce qu'il m'a dit :

J'ai été forcé, cette année, de vendanger de bonne heure une vigne basse de gamays qui étaient à moitié pourris. J'ai laissé cuver peu de temps, et, au sortir du pressoir, j'ai remis les mauvais marcs en fermentation, à l'aide de l'eau tiède, sans rien y ajouter. Ils ont fermenté plus promptement et plus fortement que la vendange. J'ai obtenu, par ce procédé, de l'eau-de-vie meilleure et en plus grande quantité que celle que j'ai distillée à l'eau claire, c'est-à-dire d'après l'ancien procédé. Cependant ces marcs de l'année dernière provenaient de raisins de fins plants et bien plus mûrs.

Je dois encore parler d'une autre expérience que j'ai déjà citée dans ma précédente brochure, page 37. Elle a été faite par M. le notaire Chatelain, résidant à Arbois. J'ai vu de nouveau, il y a peu de temps, son vin de pulsards cuvés avec la grappe ; ce vin est très-chargé en couleur et n'a aucun goût de grappes ; il a une belle pointe et un bon bouquet ; en un mot, c'est un fort bon vin.

Plusieurs œnologues qui traitent de la culture de la vigne en général, et entre autres M. Machard, recommandent de bien choisir le point de maturité convenable pour vendanger. Je suis de leur avis en ce qui concerne le gamay et le noirin ou pineau de Bourgogne. Il ne faut pas craindre de les laisser arriver à une bonne maturité, mais alors il faut les cuver avec la grappe. Pour tous les autres plants du Jura, tels que pulsard, sauvagnin, trousseau, enfariné, et tous les gros plants, y compris le gueuche et le maldoux ou grand picot, on doit rechercher, autant que faire se peut, la plus grande maturité.

Leur recommandation peut-être bonne pour

les vignobles qui sont dans les terres basses du midi; mais pour ceux du Jura et ceux qui sont situés sous le même degré de latitude ou sur des côtes, je crois qu'on doit chercher à obtenir une grande maturité. Quelques personnes pensent qu'il y a perte lorsque le raisin se détend ou se ride; cette perte n'est qu'apparente: il peut y avoir quelques litres de vendange de moins, mais il y a plus de vin, car tout est jus, il n'y a presque point de marcs. J'ai déjà dit dans ma première brochure, pages 38 et 39, que plus le raisin est mûr, plus il contient de sucre, d'alcool et de moût, et moins il contient de marcs.

M. Machard recommande d'employer généralement la grappe dans la fermentation; je pense qu'il n'en faut pas faire une condition exclusive. Je suis en cela de l'avis de Chaptal et de ses collaborateurs. Lorsqu'on a obtenu une maturité parfaite, la fermentation avec la grappe est indispensable.

Elle est moins nécessaire lorsque la maturité est ordinaire; mais il faut toujours égrapper lorsque la maturité, comme dans la der-

nière récolte (1860), laisse beaucoup à désirer.
Dans le premier cas, le moût chargé de parties saccharines (1) exige la présence de la
grappe pour aider, par une forte fermentation, à sa dissolution en alcool. Dans le second cas, on peut indifféremment laisser ou
ôter la grappe ; mais dans le troisième cas elle
est toujours nuisible, selon moi. En effet,
les raisins n'étant pas mûrs, lorsqu'on cuve
avec la grappe on introduit dans la cuve tous
les grains qui ne sont qu'en verjus, et qui
certainement ne donnent pas du moût, mais
absorbent au contraire une partie du sucre
qui se trouve déjà en trop faible quantité. La
grappe est encore nuisible par son âcreté.
Mais en égrappant, on retient tous les grains
qui ne sont pas mûrs, et la vendange est né-
cessairement plus sucrée.

Vous soutenez, m'objectera-t-on peut-être,
que la grappe excite la fermentation ?

Je répondrai que, dans ce cas, il faut
chercher à l'exciter par d'autres procédés in-

(1) Sucrées.

finiment meilleurs, par exemple, par le sucrage, ou par l'application du procédé de
Maupin dont il sera question plus loin.

Tous les œnologues ont écrit sur le sucrage
des vendanges, mais tous n'ont donné que
des principes généraux.

M. Chaptal et ses collaborateurs, l'abbé
Rosier, Parmentier et Dussieu, n'ont pas développé davantage ce sujet. M. Machard, sans
nier l'utilité du sucrage dans certaines années,
conseille aux Bourguignons de le rejeter tout
à fait. Il dit que le motif qui l'a engagé à
donner ce conseil, c'est qu'avant l'emploi du
sucrage, les vins de Bourgogne avaient acquis
une réputation européenne. Mais il ne dé-
montre pas que, depuis son emploi, les vins
de Bourgogne aient perdu cette réputation.
Seulement, en Bourgogne, comme partout
ailleurs, on a peut-être fait un abus du sucrage,
abus qui a pu nuire à son ancienne réputation. Avant le sucrage, les Bourguignons et
beaucoup d'autres vignobles renommés ne
pouvaient expédier que des vins récoltés dans
de bonnes conditions de maturité, tandis

qu'en les perfectionnant convenablement par
le sucrage, ils peuvent livrer une plus grande
quantité de bons vins à la consommation.
L'expérience nous démontrera si cette opération, faite dans de justes proportions, est ré-
ellement nuisible à la conservation des vins.
Je pense le contraire, du moins pour le Jura,
dont les vignobles produisent d'autres plants
que ceux de la Bourgogne, et donnent des
vins plus chargés d'acide tartrique.

M. Machard doit savoir, comme tout le
monde, que les récoltes se suivent et ne se
ressemblent pas. S'il en était autrement, je
repousserais avec lui le sucrage des vendanges, mais, jusqu'à ce qu'il en soit ainsi,
je persiste à dire que l'emploi du sucre est
avantageux, même en Bourgogne, dans les
années ordinaires; à plus forte raison, dans
celles où les récoltes sont de mauvaise qualité. Je conseille donc le sucrage et ne crains
pas qu'on en abuse, parce que le sucre est à
un prix trop élevé pour qu'on l'emploie inuti-
lement.

Pour éviter la dépense qu'exige le sucrage,

il faut chercher à obtenir la plus grande maturité possible, sans avoir la moindre crainte,
la trop grande maturité, dans le Jura et les
autres départements situés à l'Est et au Nord
de la France, n'étant, selon moi, qu'illusoire.
Qu'on me cite une seule récolte qui se soit
gâtée à cause de la trop grande maturité du
raisin ? Quant à moi, je n'en ai jamais vû,
depuis plus de quarante ans que je m'occupe
des vins. Quand les vins se gâtent, ce n'est
pas à la maturité qu'il faut attribuer cet acci-
dent, mais à la mauvaise préparation et au
manque de soins, soit dans la fermentation
de la vendange, soit à l'époque des soutirages.

Si je n'ai jamais vu de vins se gâter par la
trop grande maturité, combien y en a-t-il qui
se sont perdus pour n'avoir pu l'obtenir ou
pour avoir été vendangés trop tôt !

En 1860, dans les vignobles qu'on s'est
empressé de vendanger après la première
neige, si les vins n'étaient pas aussi chargés
d'acide tartrique qu'ils le sont, il n'en échap-
perait pas un hectolitre au mois de septembre,

époque à laquelle ce principe disparaît ordinairement dans les vins faibles, à moins qu'ils
ne soient vinés. C'était pour remédier à ce
désastre, que, le 15 avril dernier, j'avais
adressé une pétition au Sénat. Je lui deman-
dais de rectifier seulement l'article 21 du dé-
cret du 17 mars 1852, et de permettre le vinage
en franchise de deux litres de 3/6 par hectolitre, attendu que cette tolérance s'élève jusqu'à
cinq litres dans sept départements du midi
qui produisent environ les deux tiers des vins
de la France, et précisément les plus riches en
alcool. Le Sénat n'a pas cru devoir prendre
ma pétition en considération (1), sous pré-
texte que cela causerait un vide dans les
caisses de l'État, etc., etc. (2) Si ces vins se
gâtent, le gouvernement pourra établir la ba-
lance entre le bénéfice qu'il aurait retiré de
leur consommation et de leurs droits de cir-
culation, et ce qu'il aurait perdu sur les al-

(1) Voir le *Moniteur* du 18 mai 1861.
(2) Malgré le peu de succès de cette demande, mon intention est d'en adresser une seconde qui, je l'espère, re-
cevra un meilleur accueil.

cools en faisant droit à ma demande. Le
Sénat aurait pu accorder le vintage, seulement à un litre par hectolitre ; à la rigueur,
cette faible quantité aurait pu suffire. Cette demande n'était pas faite dans mon intérêt par-
ticulier, puisque je ne fais plus le commerce
des vins; je la faisais dans l'intérêt général.

Je reviens encore à la maturité parfaite
qu'on doit rechercher chaque année, et je
demande aux partisans des vendanges préma-
turées si, en 1857, 1858 et 1859, trois années
dans lesquelles ils ont fait de bons vins presque malgré eux, la parfaite maturité les ayant
surpris, je leur demande s'ils ont vu des vins
se gâter ; quel prix, à cause de leur bonne
qualité, ils en ont tiré, et combien de temps
ils ont séjourné dans leurs caves, avant d'être
vendus ? Je les prie de comparer ces trois récoltes, non pas à celle de 1860, mais à beaucoup d'autres qu'ils auraient pu laisser mûrir
davantage et qu'ils ont sacrifiées, par leur
empressement à vendanger trop tôt. Je leur
demande enfin où se trouve l'avantage, et qui
de nous a raison.

Je vais maintenant indiquer le moyen de réparer, autant que possible, le manque de maturité du raisin.

Dieu a dit à l'homme : *Aide-toi, je t'aiderai.*

C'est pour suivre ce conseil et mettre à profit l'intelligence que Dieu m'a donnée, que j'ai cherché, en étudiant les bons auteurs et en puisant dans leurs écrits, à rendre à la vendange ce que la nature lui refuse souvent. Ce n'est pas pour murmurer contre les décrets du Ciel que j'ai agi ainsi, mais uniquement pour suivre le conseil que j'ai cité plus haut.

Pour obtenir de bons résultats, il faut agir avec discernement; mais, à l'aide d'un instrument que j'ai fait faire à Paris, je crois avoir atteint mon but.

Je me suis servi, dans mes nombreux essais, du gleucomètre ordinaire, instrument que tout le monde connaît. Cet instrument ne m'a pas paru suffisamment bien établi. Il m'a donc fallu le faire perfectionner, et je n'ai pu obtenir cette perfection assez tôt pour l'employer lors des vendanges de 1860.

Le gleucomètre perfectionné indique le moment de la maturité du raisin ; la quantité de sucre contenu dans la vendange. Cette question, qui n'a pas encore pu être résolue par les œnologues, me paraît cependant simple, à l'aide du gleucomètre. S'il faut que le moût de la vendange tire de 12 à 13 degrés pour contenir le sucre nécessaire à faire de bons vins, il résulte de cette observation qu'il faut laisser mûrir le raisin convenablement, afin d'y arriver. Il suffira, pour s'en assurer, d'aller cueillir à la vigne quelques raisins de différents plants et d'espèces différentes, de les écraser et d'en exprimer le moût en les pressant dans une forte toile que l'on tordra fortement. On pèsera ensuite ce moût : s'il tire 12 degrés, on pourra vendanger ; dans le cas contraire, il faudra attendre encore, si le temps et la saison le permettent.

Or, à l'aide de cet instrument, l'homme le moins expérimenté connaîtra, d'abord, le moment de la maturité du raisin ; ensuite il verra ce qu'il faudra ajouter de sucre dans la vendange, pour lui faire acquérir le degré nécessaire. Enfin il verra, lorsque la fermentation aura fait remonter l'instrument jusqu'à zéro, que le moment de décuver est arrivé. Cette opération devra avoir lieu immédiatement, que l'on cuve avec ou sans la grappe.

Je dois prévenir mes lecteurs que les degrés d'alcool qui sont indiqués sur cet instrument ne sont pas, pour le moment, les degrés réels que pourra obtenir le vin, parce que, tant que le vin fermentera, les degrés augmenteront, et cette fermentation insensible pourra durer jusqu'aux vendanges suivantes. Ce ne sera donc qu'à cette époque, si toutes les parties saccharines (1) ont disparu, que le vin contiendra tout l'alcool qu'il devra avoir.

Presque tous les savants qui se sont occupés du perfectionnement des vins, sont des théoriciens ; fort peu, parmi eux, ont joint la pratique à la théorie, et, comme je l'ai déjà dit, ils n'ont donné que des conseils généraux. Cependant Chaptal et Maupin ont fait des expériences. C'est dans l'excellent traité de vi-

_____

(1) Sucrées.

nification de Chaptal que j'ai puisé les bases
principales de mes expériences. J'ai cherché
à les simplifier par la pratique, pour les mettre à la hauteur de toutes les intelligences et
pour approcher le plus possible du vrai but.
Quant à Maupin, il donne un excellent conseil
à suivre dans les années où la maturité n'est
pas suffisante, ce qui arrive presque toujours
lorsque la saison froide force à vendanger
avant le temps. Chaptal décrit ce procédé
dans son traité sur les vins. A mon tour, j'ai
extrait de l'ouvrage de ce dernier ce qui m'a
paru le plus utile à faire connaître aux simples
vignerons pour lesquels j'écris. On trouvera
à la fin de cette brochure ce que j'ai cru devoir mettre sous les yeux de mes lecteurs, et
qui vient à l'appui de ce que je conseille moi-
même.

Les ouvrages de ces deux auteurs sont vo-
lumineux et compliqués ; et ceux pour lesquels j'écris, n'ont généralement ni le temps
de les lire et de les étudier, ni le moyen de
les acheter. Aussi pensé-je que l'éditeur de
l'ouvrage de M. Chaptal me pardonnera ce

que j'en ai extrait, dans l'intention d'engager les personnes qui le peuvent, à en faire l'acquisition.

Manière d'opérer le sucrage.

Comme je l'ai fait observer dans ma première brochure, chaque récolte, chaque vigne même où se trouvent plusieurs sortes de plants, présente des différences marquées, tant pour la qualité que pour la maturité. Aussi, ce n'est qu'après avoir récolté les raisins de chaque vigne, soit qu'on égrappe, soit qu'on se dispose à cuver avec la rafle ou grappe, qu'on doit prendre une quantité égale de grains et de moût pour les soumettre à l'action du pressoir, ou à celle des cylindres, ou enfin à tout autre instrument avec lequel on pourra *bien écraser et exprimer* les grains de ces raisins égrappés ou non. On devra ensuite en peser le moût avec mon gleucomètre perfectionné.

Si on se contentait de prendre du moût dans la vendange sans en avoir pressé les grains, on n'obtiendrait pas le degré réel, parce que ce sont les grains les plus mûrs qui s'écrasent le plus facilement, et que ceux qui ne le sont pas, ou qui le sont fort peu, résistent et conservent leur jus. Et chacun sait que ce sont ces derniers qui contiennent le moût le plus acerbe, tandis que les premiers contiennent le plus sucré.

Il est donc absolument nécessaire d'agir ainsi pour obtenir le véritable degré du moût, qui est le point essentiel du procédé.

Après de nombreuses expériences répétées plusieurs années, je me suis assuré que la vendange qui était arrivée à un point de maturité suffisant pour faire de bons vins, devait peser au gleucomètre 12 degrés environ ; il faut donc ramener le moût de la vendange pressée à ce degré, en procédant comme je vais l'indiquer.

Prenons, par exemple, pour base le nombre 10. Pour obtenir 10 litres de moût, il faut presser ou bien écraser 15 litres de vendange égrappée, ou 16 litres de vendange avec la grappe. Après avoir bien écrasé, on passe

cette vendange dans un linge de forte toile,
on exprime bien le moût en tordant fortement,
puis on pèse avec mon gleucomètre ces dix
litres de jus, produit des 15 ou 16 litres de
vendange égrappée ou non égrappée. On pren-
dra note exacte de la quantité de sucre
qu'auront dû recevoir ces dix litres de moût
pour être amenés à 12 degrés. On divisera
ensuite par 15 litres la quantité de vendange
à sucrer, et on multipliera le quotient par la
quantité de sucre qu'on aura employée pour
le sucrage des dix litres.

Un exemple fera mieux comprendre encore
comment on doit procéder.

Je suppose que j'aie à sucrer 450 litres de
vendange égrappée ou 480 litres de vendange
non égrappée, ce qui donne 300 litres de
moût dans les années ordinaires. Je divise
450 par 15, et je vois que ce dernier nombre
se trouve contenu trente fois dans 450 ; en
divisant 480 par 16, je vois de même que le
nombre 480 contient 30 fois le nombre 16.

Si maintenant j'emploie pour sucrer les 10
litres de moût, produit des 15 litres de ven-

dange, 125 grammes de sucre (1), je multiplierai 125 litres par 30, ce qui me donnera pour résultat 3750 grammes, soit 3 kilog. 750 gr. ou 7 livres et demie. En employant du glucose ou sucre de pommes de terre, qui revient ordinairement à 60 centimes le kilogr., je multiplierai 3750 gr. par 60 cent. et le résultat m'indiquera que le sucrage de 450 litres de vendange égrappée, ou de 480 litrés de vendange non égrappée, me reviendra à 2 fr. 25 cent.

Je prie mes lecteurs de me pardonner les détails dans lesquels je viens d'entrer, détails que j'ai cru nécessaires à l'intelligence du sujet.

Observations essentielles.

1° Ce procédé, dont j'ai dû expliquer l'application avec précision, est d'une grande simplicité.

J'ai remarqué, dans les différentes expériences que j'ai faites, que chaque proprié-

(1) Le quart de l'ancienne livre.

taire peut, tous les ans, diviser sa vendange en deux catégories : vendange de gros plants et vendange de fins plants. Il suffit alors de peser séparément ces deux catégories pour connaître le poids du moût de chacune d'elles et de les sucrer suffisamment pour qu'elles puissent marquer 12 degrés avec le gleucomètre. Telle est la méthode que chacun devrait toujours suivre, quand la récolte peut se faire sans être interrompue par le mauvais temps.

2° Lorsqu'on cuve avec la grappe, il faut que le moût ait un degré de plus (13 degrés) que quand on cuve de la vendange égrappée.

3° Plus la vendange s'éloigne des degrés nécessaires à la bonne maturité, plus il faut augmenter la quantité de sucre. Ainsi en 1860, il aurait fallu sucrer la vendange suffisamment pour qu'elle marquât de 13 à 14 degrés au lieu de 12. En 1859, la vendange bonne ordinaire marquait à Arbois 12 degrés, et en 1860, elle ne marquait que de 6 à 7. Il aurait donc fallu sucrer davantage la récolte de 1860, pour que sa qualité différât le moins possible de celle de 1859. Plus la vendange est éloignée de la maturité, plus les marcs contiennent d'acreté qu'il faut faire disparaître en ajoutant du sucre.

4° Lorsqu'on vendange par une température froide ou par un temps humide, on doit encore augmenter la quantité de sucre et le faire fondre dans une plus grande quantité de moût qu'on fera chauffer jusqu'à l'ébullition. Ainsi il faut faire fondre le sucre dans deux seaux de moût pour 450 litres de vendange.

5° Lorsqu'on vendange par une température élevée et par le soleil, il n'est pas nécessaire d'employer une aussi grande quantité de moût pour fondre le sucre, et de chauffer jusqu'à l'ébullition; cependant si cela arrivait, cette chaleur ne serait pas nuisible;

6° Pour faire fondre le sucre, il faut se servir d'un vase très-propre, surtout si c'est un chaudron en cuivre ou un alambic. Dans ce dernier cas, il faut faire bouillir dedans de l'eau pendant quelques heures, le bien frotter à la brosse et le laver à l'eau claire.

7° S'il arrivait qu'au bout de huit jours,

malgré une forte fermentation , la partie sucrée ne fût pas réduite en alcool, il faudrait,
sans tarder , y ajouter par hectolitre 30 ou
40 grammes d'acide tartrique que l'on ferait
dissoudre dans un peu d'eau bouillante. On
introduirait ce liquide à l'aide d'un tuyau en
fer blanc, comme il est dit ci-après.

8° Lorsqu'on sucrera de la vendange provenant de plants de purs gamays, il ne faudra la faire monter qu'à 10 degrés au gleucomètre. Ce plant donne un vin ordinairement plat, parce qu'il ne contient pas une
assez grande quantité des autres parties, qui,
avec le sucre, composent le vin.

Je recommande expressément de le cuver
avec la grappe et d'agir de même pour tous
les autres plants , chaque fois qu'on aura employé du sucre dans la vendange.

Je rappelle enfin ce que j'ai dit pour le décuvage où l'entonnaison (1) qu'il faut faire
cette opération aussitôt que le gleucomètre
marque zéro.

_____

(1) Terme du pays.

Il arrivera souvent qu'au bout de 8 à 10 jours de fermentation le gleucomètre ne pourra arriver à zéro ; néanmoins il faudra décuver (1), surtout si on a cuvé avec la grappe. On pourrait, avec moins de danger, attendre encore un ou deux jours de plus, si la vendange était égrappée.

En général, lorsque le moût est arrivé à un degré de fermentation qui fait sentir, quoique encore doux, une belle pointe de vin, il faut entonner, bien qu'on sente à la dégustation des parties sucrées. La fermentation, qui se continuera après le décuvage, finira par les absorber et les changer en alcool.

J'ai enfin recommandé de fouler fréquemment la vendange pendant la fermentation tumultueuse (2). Ce foulage répété ne doit pas aller au delà de 4 à 5 jours, temps suffisant pour que les marcs communiquent toute la couleur qu'ils peuvent donner, mais il faut fouler souvent.

(1) Entonner.
(2) La forte fermentation.

Système Maupin.

Ce système consiste tout simplement à verser quelques seaux de moût bouillant dans l'intérieur de la cuve ou du foudre, à l'aide d'un tube ou tuyau en fer-blanc, en procédant de la même manière que lorsqu'on introduit le sirop dans la vendange que l'on veut sucrer.

Pour ces deux opérations, on se sert d'un tube en fer-blanc (1) qu'on fait plonger aux deux tiers dans le centre de la cuve ou du foudre. On assujettit ce tube pour pouvoir y introduire un entonnoir et verser le liquide bouillant. La chaleur du moût ou du sirop muqueux ne tarde pas à développer une forte fermentation ; puis il faut fouler souvent pour mettre les marcs en contact avec le moût et obtenir une forte couleur.

On doit décuver dès que le gleucomètre

____

(1) Les personnes qui n'auraient pas de tube en fer-blanc, peuvent le remplacer par quatre petits morceaux de planche très-mince cloués ensemble. En versant simplement le sirop sur la vendange, on lui fait perdre une partie de sa chaleur ; ce qui n'arrive pas quand on l'introduit dans le centre du vase à cuver.

màrque zéro; il faut faire cette opération sans retard.

Telle est la manière de faire de bons vins chaque année. Je la crois applicable à tous les vignobles, mais si je me trompais, il serait facile, par quelques essais, de ramener, dans chaque vignoble, ce procédé à une plus juste application.

Je crois que le sucre de pommes de terre est le meilleur et le plus économique pour le sucrage des vendanges. Son prix est ordinairement de 50 à 60 centimes le kilogr. Il existe en France plusieurs fabriques de glucose; je donnerai aux personnes qui le désireront l'adresse des fabriques qui fournissent le meilleur glucose et qui le livrent aux conditions les plus avantageuses. Ce sucre a plus d'adhérence avec le vin que tous les autres et excite une plus forte fermentation. Il coûte aussi moins cher que l'autre, bien qu'il contienne moins de parties sucrées; mais comme pour le même prix, on en a une plus grande quantité, on a aussi une plus grande quantité de parties saccharines.

EXTRAIT DE L'OUVRAGE INTITULÉ

ESSAI SUR LES VINS,

Par CHAPTAL;

(Annoté par l'auteur.)

Des moyens de disposer le raisin à la fermentation.

Le raisin mûr se dessèche sur le cep ou il y pourrit par l'humidité; et nous pouvons regarder comme un pur effet de l'art, la faculté de convertir le suc doux et sucré de ce fruit en liqueur spiritueuse : c'est par la fermentation de ce suc exprimé, que s'opère ce changement. La manière de disposer les raisins à la fermentation varie dans les divers pays ; mais comme les différences apportées dans une opération aussi essentielle reposent sur des principes, j'ai cru convenable de les faire connaître. Pline (*de biaco vino apud græcos clarissimo*) nous apprend qu'on cueillait le raisin un peu avant la maturité; qu'on le séchait à un soleil ardent pendant trois jours, et que le quatrième on l'exprimait.

En Espagne, surtout dans les environs de Saint-Lucar, on laisse les raisins exposés pendant deux jours à toute l'ardeur du soleil.

En Lorraine, dans une partie de l'Italie ; dans la Calabre et l'île de Chypre, on sèche les raisins avant de les presser. C'est surtout lorsqu'on se propose de fabriquer des vins blancs liquoreux, qu'on dessèche le raisin pour en épaissir le suc et modérer par là la fermentation.

Il paraît que les anciens connaissaient non seulement l'art de dessécher les raisins au soleil, mais qu'ils n'ignoraient pas le procédé employé pour cuire et rapprocher le moût; ce qui leur avait fait distinguer trois sortes de vins cuits, *passum, defrutum et sapa.* Le premier se faisait avec des raisins desséchés au soleil; le second s'obtenait en réduisant le moût par moitié à l'aide du feu ; et le troisième provenait d'un moût tellement rapproché, qu'il n'en restait plus que le tiers ou le quart. On peut consulter dans Pline et Dioscoride des détails très intéressants sur toutes ces opérations. Ces méthodes sont encore usitées de nos jours; et nous verrons, en parlant de la fermentation, qu'on peut la diriger et la gouverner d'une manière avantageuse, en épaississant une portion du moût qu'on mélange ensuite avec le reste de la masse; nous verrons encore que ce moyen est infaillible pour donner à tous les vins un degré de force que la plupart ne sauraient acquérir sans cela (1).

Une grande question a longtemps divisé les agriculteurs : savoir s'il est avantageux d'égrapper ou de ne pas égrapper les raisins. L'une et l'autre des deux méthodes ont des partisans; et chacune des deux peut citer des écrivains de mérite en sa faveur. Je pense

(1) Voilà des principes qui sont positifs. Ils m'ont servi de point de départ pour le sucrage des vendanges. Lorsque ces œnologues conseillaient d'opérer ainsi, le sucre était cher; aujourd'hui il peut remplacer avec avantage tous les procédés qui demandent beaucoup de travail dans un moment où le temps est précieux.

qu'ici comme dans beaucoup d'autres cas,
on a été peut-être trop exclusif; et, en rame-
nant la question à son véritable point de vue,
il nous sera facile de terminer le différend.

Il est de fait que la grappe est âpre et aus-
tère; et l'on ne peut pas nier que les vins
qui proviennent de raisins non égrappés ne
participent de cette qualité : mais il est des
vins faibles et presque insipides, tels que la
plupart de ceux qu'on récolte dans les pays
humides, où la saveur légèrement âpre de la
grappe relève la fadeur naturelle de cette
boisson. C'est ainsi que dans l'Orléanais,
après avoir commencé à égrapper le raisin,
on a été forcé d'abandonner cette méthode,
parce qu'on a observé que les raisins qu'on
faisait égrapper fournissaient des vins qui
tournaient plus aisément au gras. Il résulte
encore des expériences de Gentil, que la fermentation marche avec plus de force et de
régularité dans un moût mêlé avec la grappe,
que dans celui qui en a été dépouillé ; de manière que, sous ce rapport, la grappe peut
être considérée comme un ferment avanta-

geux dans tous les cas où l'on pourrait craindre
que la fermentation ne fût lente et retardée.

Dans les environs de Bordeaux, on égrappe
avec soin tous les raisins rouges lorsqu'on se
propose d'avoir du bon vin; mais on modifie
encore cette opération d'après le degré de
maturité du raisin : on égrappe beaucoup
lorsque la vendange est peu mûre, ou lorsqu'elle a été gelée avant la cueillette; mais
lorsque le raisin est très-mûr, on égrappe avec
moins de soin. Labadie observe, dans les
renseignements qu'il m'a fournis, qu'il faut
même laisser de la grappe pour faciliter la
fermentation.

On n'égrappe point les raisins blancs; et
l'expérience a prouvé que les raisins égrappés
fournissaient des vins moins spiritueux et
plus faciles à graisser.

Sans doute la grappe n'ajoute ni au principe sucré ni à l'arome; et, sous ce double
point de vue, elle ne saurait contribuer par
ses principes, ni à la spirituosité, ni au parfum du vin; mais sa légère âpreté peut avantageusement corriger la faiblesse de quelques

vins : en outre, en facilitant la fermentation,
elle concourt à opérer une décomposition
plus complète du moût, et à produire tout
l'alcool dont il est susceptible (1).

En général, quelque méthode qu'on adopte
pour le foulage du raisin, nous pouvons réduire aux principes suivants ce qui concerne
cette opération importante.

Le raisin ne saurait éprouver la fermentation spiritueuse, si, par une pression convenable, on n'en extrait pas le suc pour le soumettre à l'action des causes qui déterminent
le mouvement de fermentation.

Il suit de cette vérité fondamentale, que
non seulement l'on doit employer les moyens
convenables pour fouler et écraser les raisins,
mais que l'opération ne sera parfaite qu'autant que tous les grains le seront également ;
sans cela, la fermentation ne saurait marcher
d'une manière uniforme ; le sucre exprimé
terminerait sa période de décomposition,
avant même que les grains qui ont échappé

(1) Lorsque ceci s'écrivait, le tamin n'était pas connu.

au foulage eussent commencé la leur; ce qui,
dès lors, présenterait un tout dont les éléments ne seraient plus en rapport. Cependant,
si on examine le produit du foulage déposé
dans une cuve, on se convaincra facilement
que la compression a été toujours inégale et
imparfaite; et il suffit de réfléchir un instant
sur les procédés grossiers employés pour
fouler le raisin, pour ne plus s'étonner de
l'imperfection des résultats.

Il paraît donc que pour donner à cette portion très-intéressante du travail de la vendange le degré de perfectionnement convenable, il faudrait soumettre à l'action du
pressoir tous les raisins, à mesure qu'on les
transporte de la vigne (1).

Le suc et le marc en seraient reçus dans une
cuve, et là, on les abandonnerait à la fermentation spontanée. Par ce seul moyen, le mou-

(1) À l'époque où écrivaient Chaptal et ses collaborateurs, la trémie à deux cylindres en bois n'était pas inventée. C'est bien là l'instrument convenable et nécessaire, lorsqu'on veut cuver avec la grappe, et même sans
la grappe. On peut le faire établir à peu de frais, et d'une
faible dimension, pour le rendre portatif; le faire mou-

vement de décomposition s'exercerait sur toute la masse d'une manière égale, la fermentation serait uniforme et simultanée pour toutes les parties; et les signes qui l'annoncent, l'accompagnent ou la suivent, ne seraient plus troublés ni obscurcis par des mouvements particuliers. Sans doute le moût, débarrassé de son marc et de la grappe, produirait un vin moins coloré, plus délicat, et d'une conservation plus difficile; mais si les inconvénients surpassaient les avantages de cette méthode, il serait aisé de les prévenir, en mêlant le marc exprimé avec le moût.

C'est par une suite des principes que nous venons de développer, que l'on doit avoir l'attention de remplir la cuve dans *vingt heures*. En Bourgogne, les vendanges se terminent dans quatre ou cinq jours. Un temps trop long entraîne le grave inconvénient d'une suite de fermentations successives, qui, par

voir par des enfants en l'entreposant sur une cuve au pied de la vigne ou à la maison; on en trouve en Bourgogne et à Lons-le-Saunier; c'est d'ailleurs un instrument très-simple dans sa construction, et chaque vigneron pourrait s'en construire un.

cela seul, sont toutes imparfaites : une portion de la masse a déjà fermenté, que la fermentation commence à peine dans une autre portion. Le vin qui en résulte est donc un vrai mélange de plusieurs vins plus ou moins fermentés. L'agriculteur intelligent et jaloux de ses produits doit donc déterminer le nombre des vendangeurs d'après la capacité connue de sa cuve; et lorsqu'une pluie inattendue vient suspendre les travaux de sa récolte, il doit laisser fermenter séparément ce qui se trouve déjà ramassé et déposé dans la cuve, plutôt que de s'exposer, quelques jours après, à en troubler les mouvements et à en altérer la nature par l'addition d'un moût aqueux et frais.

De la fermentation.

Le moût n'est pas encore dans la cuve, qu'il commence à fermenter; celui qui s'écoule du raisin par la pression ou les secousses qu'il reçoit dans le transport, travaille et bout avant qu'il soit parvenu dans la

6

cuve : c'est un phénomène dont on peut aisément se rendre témoin en suivant les vendangeurs dans les climats chauds, et en exami-
nant avec attention le moût qui sort du raisin et reste confondu avec lui dans le vase
qui sert à le transporter.

La fermentation vineuse s'exécute constamment dans des cuves de pierre ou de bois.
Leur capacité est, en général, proportionnée
à la quantité de raisins qu'on récolte dans un
vignoble. Celles qui sont construites en ma-
çonnerie sont, pour l'ordinaire, fabriquées
avec de la bonne pierre de taille, et les parois
intérieures en sont souvent revêtues d'un
contre-mur bâti en briques liées et assem-
blées par un ciment de pozzolane ou de terre
d'eau forte. Les cuves en bois demandent
plus d'entretien, reçoivent les variations de
température avec plus de facilité, et exposent à plus d'accidents.

Avant de déposer la vendange dans une
cuve, on doit avoir l'attention de la nettoyer
avec le plus grand soin : ainsi on lave la cuve
avec de l'eau tiède, on la frotte fortement,

on en enduit les parois avec de la chaux; à
deux ou trois couches. Cet enduit a l'avantage de saturer une partie de l'acide malique
qui existe abondamment dans le moût, ainsi
que nous le verrons par la suite.

Comme tout le travail de la vinification se
fait dans la fermentation, puisque c'est par
elle seule que le moût passe à l'état de vin,
nous croyons devoir envisager cette question importante sous plusieurs points de vue.
Nous nous occuperons d'abord des causes
qui contribuent à produire la fermentation;
nous examinerons ensuite ses effets ou son
produit, et nous terminerons par déduire de
nos connaissances actuelles quelques principes
généraux qui pourront diriger l'agriculteur
dans l'art de la gouverner.

DES CAUSES QUI INFLUENT SUR LA FERMENTATION.

Il est reconnu que, pour que la fermentation
s'établisse et suive ses périodes d'une manière régulière, il faut des conditions que
l'observation nous a appris à connaître. Un
certain degré de chaleur, le contact de l'air,

l'existence d'un principe doux et sucré dans le moût : telles sont à peu près les conditions jugées. nécessaires. Nous tâcherons de faire connaître ce qui est dû à chacune d'elles.

Influence de la température de l'atmosphère sur la fermentation.

On regarde assez généralement le dixième degré du thermomètre de Réaumur comme celui qui indique la température la plus favorable à la fermentation spiritueuse : elle languit au-dessous de ce degré, et elle devient trop tumultueuse au-dessus. Elle n'a même pas lieu dans une température trop froide ou trop chaude.

Un phénomène extraordinaire, mais qui paraît constaté par un assez grand nombre d'observations pour mériter toute croyance, c'est que la fermentation est d'autant plus lente que la température est plus froide, au moment où se font les vendanges. Rozier a vu, en 1769, que du raisin cueilli les 7, 8 et 9 octobre, est resté dans la cuve jusqu'au 19, sans qu'il parût le moindre signe de fermentation; le thermomètre avait été le matin à un degré et demi au-dessous de zéro, et s'était maintenu à † 2. La fermentation n'a été complète que le 25, tandis que de semblables raisins, récoltés le 16, à une température beaucoup moins froide, ont terminé leur fermentation le 21 ou 22. Le même fait a été observé en 1740.

C'est d'après tous ces principes qu'on conseille de placer les cuves dans des lieux couverts, de les éloigner des endroits humides et froids, de les recouvrir pour tempérer la fraîcheur de l'atmosphère, de réchauffer la masse en y introduisant du moût bouillant, de faire choix d'un jour de chaud pour cueillir les raisins, ou de les exposer au soleil, etc.

Influence de l'air dans la fermentation.

Nous avons vu dans l'article précédent qu'on peut modérer et retarder la fermentation, en soustrayant le moût à l'action directe de l'air, et en le tenant exposé à une température froide. Quelques chimistes, d'après ces faits, ont regardé la fermentation comme ne pouvant avoir lieu que par l'action de l'air atmosphérique; mais un examen plus attentif de tous les phénomènes qu'elle présente dans ces divers états nous permettra d'accorder une juste valeur à toutes les opinions qui ont été émises à ce sujet.

Sans doute l'air est favorable à la fermentation ; cette vérité nous est acquise par la réunion et l'accord de tous les faits connus : car sans lui, sans son contact, le moût se conserve longtemps sans changement, sans altération. Mais il est également prouvé que, quoique le moût, enfermé dans des vases bien clos, y subisse très-lentement ces phénomènes de fermentation, elle ne se termine pas moins à la longue, et que le vin qui en est le produit n'en est que plus généreux. C'est là ce qui résulte des expériences de D. Gentil.

Si l'on délaye un peu de levure de bière et de mélasse dans l'eau, qu'on introduise ce mélange dans un flacon à bec recourbé, et qu'on fasse ouvrir le bec du flacon sous une cloche pleine d'eau, et renversée sur la plan-

chette de la cuve hydropneumatique , à la
température de 12 à 15 degrés du thermomètre, j'ai constamment vu paraître les premiers phénomènes de la fermentation , quelques minutes après que l'appareil a été placé;
le vide du flacon ne tarde pas à se remplir de
bulles et d'écume ; il passe beaucoup d'acide
carbonique sous la cloche , et ce mouvement
ne s'apaise que lorsque la liqueur est deve-
nue spiritueuse. Dans aucun cas , je n'ai
vu qu'il y eût absorption d'air atmosphérique.

Si, au lieu de donner une libre issue aux
matières gazeuses qui s'échappent par le travail de la fermentation, on s'oppose à leur
dégagement, en tenant la masse fermentante
dans des vaisseaux clos, alors le mouvement
se ralentit, et la fermentation ne se termine
que péniblement et par un temps très-long.

Dans toutes les expériences que j'ai tentées
sur la fermentation, je n'ai jamais vu que l'air
fût absorbé. Il n'entre ni comme principe
dans le produit, ni comme élément dans la
décomposition; il est chassé au dehors des

vaisseaux avec l'acide carbonique, qui est le premier résultat de la fermentation.

L'air atmosphérique n'est donc pas nécessaire à la fermentation; et s'il paraît utile d'établir une libre communication entre le moût et l'atmosphère, c'est parce que les substances gazeuses qui se forment dans la fermentation peuvent alors s'échapper aisément en se mélant ou se dissolvant dans l'air ambiant. Il suit encore de ce principe que, lorsque le moût sera disposé dans des vases fermés, l'acide carbonique trouvera des obstacles insurmontables à la volatilisation; il sera contraint de rester interposé dans le liquide; il s'y résoudra en partie, et faisant effort continuellement contre le liquide et chacune des parties qui le composent, il ralentira et éteindra presque complètement l'acte de la fermentation.

Ainsi, pour que la fermentation s'établisse et parcoure ses périodes d'une manière prompte et régulière, il faut une libre communication entre la masse fermentante et l'air atmosphérique; alors les principes qui se dé-

gagent par le travail de la fermentation, se
versent commodément dans l'atmosphère qui
leur sert de véhicule, et la masse fermentante
peut, dès ce moment, éprouver sans obstacle
les mouvements de dilatation et d'affaisse-
ment.

Si le vin fermenté dans des vases fermés
est plus généreux et plus agréable au goût,
la raison en est qu'il a retenu l'arome et l'alcool qui se perdent en partie dans une fermentation qui se fait à l'air libre; car, outre
que la chaleur les dissipe, l'acide carbonique
les entraine dans un état de dissolution ab-
solue, ainsi que nous le verrons par la suite.

Le libre contact de l'air atmosphérique
précipite la fermentation, et occasionne une
grande déperdition de principes en alcool
et arome, tandis que, d'un autre côté, la
soustraction à ce contact ralentit le mouvement, menace d'explosion et de rupture, et
la fermentation n'est complète qu'à la longue.
Il est donc des avantages et des inconvénients de part et d'autre : peut-être serait-
il possible de combiner assez heureusement

ces deux méthodes pour en écarter tout ce qu'elles ont de vicieux. Ce serait là, sans contredit, le complément de l'art de vinification. Nous verrons par la suite que quelques procédés pratiqués dans divers pays, soit pour fabriquer des vins mousseux, soit pour conserver à certains vins un parfum agréable, nous permettent d'espérer les plus heureux résultats des travaux qui pourraient être entrepris à ce sujet par des mains habiles (1).

Influence du volume de la masse fermentante sur la fermentation.

Quoique le jus du raisin fermente en très-petite masse, puisque je lui ai fait parcourir toutes ces périodes de décomposition dans des verres placés sur des tables, il n'en est pas moins vrai que les phénomènes de la fermentation sont puissamment modifiés par la différence des volumes.

En général, la fermentation est d'autant

_____

(1) Il s'en suivrait, d'après ces principes, qu'en employant des foudres au lieu de cuves, on pourrait ne donner que l'air que l'on voudrait. (*Observation de l'auteur*).

plus rapide, plus prompte, plus tumultueuse,
plus complète, que la masse est plus considérable. J'ai vu du moût, déposé dans un
tonneau, ne terminer sa fermentation que le
onzième jour, tandis qu'une cuve qui était
remplie du même, et en contenait douze fois
ce volume, avait fini le quatrième jour; la
chaleur ne s'éleva dans le tonneau qu'à 17
degrés; elle parvint au 25e dans la cuve.

C'est un principe incontestable que l'activité de la fermentation est proportionnée à
la masse; mais il ne faut pas en conclure
qu'il soit constamment avantageux de faire
fermenter en grand volume, ni que le vin
provenant de la fermentation établie dans de
plus grandes cuves ait des qualités supé-
rieures; il est un terme à tout, et des extrêmes également dangereux qu'il faut éviter.
Pour avoir une fermentation complète, il faut
craindre de l'obtenir trop précipitée. Il est
impossible de déterminer quel est le volume
le plus favorable à la fermentation : il paraît même qu'il doit varier selon la nature du
vin et le but qu'on se propose. S'il est ques-

tion de conserver l'arome, elle doit s'opérer
en plus petite masse que s'il s'agit de développer toute la partie spiritueuse pour fabriquer des vins propres à la distillation. J'ai
vu monter le thermomètre à 27 degrés dans
une cuve qui contenait trente muids de vendange (1).

A la vérité, dans ce cas, tout le principe
sucré est décomposé; mais il y a déperdition
d'une portion d'alcool par la chaleur et le
mouvement rapide que produit la fermentation.

En général, on doit encore varier la capacité des cuves selon la nature du raisin : lorsqu'il est très-mûr, doux, sucré et presque
desséché, le moût est épais, pâteux, etc., la
fermentation s'y établit difficilement, et il faut
une grande masse de liquide pour décompo-
ser pleinement le suc sirupeux : sans cela, le
vin reste liquoreux, douceâtre et nauséabond;
ce n'est qu'après un long séjour dans le ton-

(1) Mesure du Languedoc. Le muid du Languedoc est
de 700 litres.

neau, que cette liqueur arrive au degré de perfection qu'elle peut atteindre.

La température de l'air, l'état de l'atmosphère, le temps qui a régné pendant la vendange, toutes ces causes et leurs effets doivent toujours être présents à l'esprit de l'agriculteur, pour qu'il en déduise les règles de conduite capables de le guider (1).

Influence des principes constituants du moût sur la fermentation.

Le principe doux et sucré, l'eau et le tartre, sont les trois éléments du raisin qui paraissent influer le plus puissamment sur la fermentation : c'est non seulement à leur existence qu'est due la première cause de cette sublime opération, mais c'est encore

(1) Il ressort encore d'après ceci, qu'on ne peut pas craindre, en général une trop grande maturité puisqu'en cuvant en grande masse et avec la grappe, on peut facilement obtenir la dissolution des parties sucrées du moût et c'est bien ainsi que l'on doit cuver les pulsards bien mûrs; ce plant donne dans les bonnes années du vin si fort en alcool que, lors même qu'il y aurait déperdition, il en resterait toujours assez. (*Observation de l'auteur*).

aux proportions très-variables entre ces divers principes constituants, qu'il faut rapporter les principales différences que nous présente la fermentation.

1° Il paraît prouvé, par la nature comparée
de toutes les substances qui subissent la fermentation spiritueuse, qu'il n'y a que celles
qui contiennent un principe doux et sucré
qui en soient susceptibles, et il est hors de
doute que c'est surtout aux dépens de ce
principe que se forme l'alcool.

Par une conséquence qui découle naturellement de cette vérité fondamentale, les corps
dans lesquels le principe sucré est le plus
abondant doivent fournir la liqueur la plus
spiritueuse : c'est au reste ce qui est encore
confirmé par l'expérience. Mais on ne saurait
trop insister sur la nécessité de bien distinguer le sucre proprement dit d'avec le principe doux. Sans doute le sucre existe dans le
raisin, et c'est surtout à lui qu'est dû l'alcool
qui résulte de sa décomposition par la fermentation ; mais ce sucre est constamment
mêlé avec un corps doux, plus ou moins

abondant et très-propre à la fermentation ;
c'est un vrai levain qui accompagne le sucre
presque partout, mais qui, par lui-même, ne
saurait produire de l'alcool. De là vient que,
lorsqu'on veut faire fermenter le sucre pour
obtenir du taffia, on l'emploie à l'état de sirop dit de Vesou , parce qu'alors il contient
le principe doux qui en facilite la fermentation.

La distinction entre le principe doux et
sucré et le sucre proprement dit a été très-
bien établie par Deyeux, dans le journal des
pharmaciens.

Ce principe doux est presque inséparable
du principe sucré dans les produits de la végétation ; et ces deux principes sont si bien
combinés dans quelques cas, qu'on ne peut
les désunir complétement qu'avec peine ; c'est
ce qui s'opposera peut-être encore longtemps,
à ce qu'on extraie pour le commerce le sucre
de plusieurs végétaux qui en contiennent. La
canne à sucre paraît être celui de tous les végétaux où cette séparation est la plus facile.
Bien des faits nous portent à croire que ce

principe doux est voisin, par sa nature, du principe sucré ; qu'il peut même avec des circonstances favorables se changer en sucre ; mais ce n'est pas ici le moment de discuter ce point intéressant de doctrine.

Un raisin peut donc être très-doux, trèsagréable à la bouche, et produire néanmoins un assez mauvais vin, parce que le sucre peut bien n'exister qu'en très-petite quantité dans un raisin en apparence très-sucré ; c'est la raison pour laquelle les raisins les plus doux au goût ne fournissent pas toujours les vins les plus spiritueux. Au reste, il suffit d'un peu d'habitude pour distinguer la saveur vraiment sucrée d'avec le goût doux que présentent quelques raisins. C'est ainsi que la bouche habituée à savourer le raisin très-sucré du midi ne confondra pas avec lui le chasselas, quoique très-doux, de Fontainebleau.

Nous devons donc considérer le sucre comme principe qui donne lieu à la formation de l'alcool par sa décomposition, et le corps doux et sucré comme le vrai levain de la fer-

mentation spiritueuse. Il faut donc pour que
le moût soit propre à subir une bonne fermentation, qu'il contienne ces deux principes
dans de bonnes proportions : le sucre seul ne
fermente point, ou du moins la fermentation
en est-t-elle très-lente et incomplète. Le mu-
cilage pur ne fournit point d'alcool : ce n'est
qu'à la réunion de ces deux substances qu'on
devra une bonne fermentation spiritueuse.

2° Le moût très-aqueux éprouve de la dif-
ficulté à fermenter, comme le moût trop épais.
Il faut donc un degré de fluidité convenable
pour obtenir une bonne fermentation, *et c'est
celui que présente le suc exprimé du raisin
parvenu à une maturité parfaite* (1).

Lorsque le moût est très-aqueux, la fermentation est tardive, difficile, et le vin qui
en provient est faible et très-susceptible de
décomposition. Dans ce cas, les anciens connaissaient l'usage de cuire le moût : ils faisaient
évaporer, par ce moyen, l'eau surabondante,
et ramenaient la liqueur au degré d'épais-

(1) Page 69.

7

sissement convenable. Ce procédé, constamment avantageux dans les pays du nord, et généralement partout où la saison a été pluvieuse, est encore pratiqué de nos jours. Maupin a même contribué à faire accorder plus de faveur à cette méthode, en prouvant par des expériences nombreuses, qu'on pouvait s'en servir avec avantage dans presque tous les pays vignobles. Néanmoins ce procédé paraît inutile dans les climats chauds; il n'y est tout au plus applicable que dans les cas où la saison pluvieuse n'a pas permis au raisin de parvenir à un degré de maturité convenable, ou bien lorsque la vendange se fait par un temps de brouillards ou de pluie.

Le marquis de Bullion a retiré d'un litre de moût environ, un décagramme et demi (1) de sucre et deux grammes de tartre (2). Il paraît, d'après les expériences de ce même chimiste, que le tartre concourt, ainsi que le sucre, à faciliter la formation de l'alcool. Il suffit d'augmenter la proportion

(1) 4 gros.
(2) Demi-gros.

du tartre et du sucre dans le moût pour parvenir à obtenir trois fois plus d'esprit.

Ce même chimiste a encore éprouvé que le moût privé de son tartre ne fermente pas, mais qu'on peut lui donner la propriété de fermenter en lui restituant ce principe.

Les raisins sucrés demandent surtout qu'on y ajoute du tartre; il suffit, à cet effet, de le faire bouillir dans un chaudron avec le moût pour l'y dissoudre. Mais, lorsque les moûts contiennent du tartre en excès, on peut les disposer à fournir beaucoup d'esprit, en y ajoutant du sucre.

Il paraît donc, d'après ces expériences, que le tartre facilite la fermentation et concourt à rendre la décomposition du sucre plus complète.

PHÉNOMÈNES ET PRODUIT DE LA FERMENTATION.

Avant de nous occuper avec détail des principaux phénomènes que nous offre la fermentation, nous croyons convenable de tracer d'une manière rapide la marche qu'elle suit dans ses périodes.

La fermentation s'annonce d'abord par de petites bulles qui paraissent sur la surface du moût ; peu à peu on en voit qui s'élèvent du centre même de la masse en fermentation, et viennent crever à la surface. Leur passage à travers les couches de liquide en agite tous les principes, en déplace toutes les molécules, et bientôt il en résulte un sifflement semblable à celui qui est produit par une douce ébullition.

On voit alors très-sensiblement s'élever, à plusieurs pouces au-dessus de la surface du liquide, de petites gouttes qui retombent de suite. Dans cet état, la liqueur est trouble, tout est mêlé, confondu, agité, etc.; des filaments, des pellicules, des flocons, des grappes, des pepins nagent isolément, sont poussés, chassés, précipités, élevés jusqu'à ce qu'enfin ils se fixent à la surface ou se déposent au fond de la cuve. C'est de cette manière et par une suite de ce mouvement intestin, que se forme, à la surface de la liqueur, une croûte plus ou moins épaisse, qu'on appelle le chapeau de la vendange.

Ce mouvement rapide et le dégagement continuel de ces bulles aériformes augmentent considérablement le volume de la masse. La liqueur s'élève dans la cuve au-dessus de son niveau primitif; les bulles qui éprouvent quelque résistance à leur volatilisation, par l'épaisseur et la ténacité du chapeau, se font jour par des points déterminés, et produisent une écume abondante.

La chaleur augmentant en proportion de l'énergie de la fermentation, dégage une odeur d'esprit-de-vin qui se répand dans tout le voisinage de la cuve ; la liqueur se fonce en couleur de plus en plus; et après plusieurs jours, quelquefois seulement après plusieurs heures d'une fermentation tumultueuse, les symptômes diminuent, la masse retombe à son premier volume, la liqueur s'éclaircit, et la fermentation est presque terminée.

Parmi les phénomènes les plus frappants et les effets les plus sensibles de la fermentation, il en est quatre principaux qui demandent une attention particulière : la production de la chaleur, le dégagement de gaz, la formation de l'alcool et la coloration de la liqueur.

Je dirai sur chacun de ces phénomènes ce que l'observation nous a présenté jusqu'ici de plus positif.

Production de chaleur.

Il arrive quelquefois dans les pays froids, mais surtout lorsque la température est au-dessous du 10e degré, que la vendange déposée dans la cuve n'éprouve aucune fermentation, si, par des moyens quelconques, on ne parvient à en réchauffer la masse ; ce qui se pratique en y introduisant du moût chaud, en brassant fortement la liqueur ; en échauffant l'atmosphère, en recouvrant la cuve avec des étoffes quelconques.

Mais du moment que la fermentation commence, la chaleur prend de l'intensité ; quelquefois il suffit de quelques heures de fermentation pour la porter au plus haut degré. En général elle est en rapport avec le gonflement de la vendange, elle croît et décroît comme lui, comme on peut s'en convaincre par des expériences que je joindrai à cet article.

La chaleur n'est pas toujours égale dans toute la masse; souvent elle est plus intense vers le milieu, surtout dans les cas où la fermentation n'est pas assez tumultueuse pour confondre et mêler, par des mouvements violents, toutes les parties de la masse; alors on foule de nouveau la vendange, on l'agite de la circonférence au centre, et on établit sur tous les points une température égale.

Nous pouvons établir, comme vérités incontestables : 1° Qu'à température égale, plus la masse de la vendange sera grande, plus il y aura d'effervescence, de mouvement et de chaleur; 2° que l'effervescence, le mouvement, la chaleur sont plus grands dans la vendange où le suc du raisin est accompagné de pellicules, de pepins, de rafles, etc., que dans le suc du raisin ou dans le moût séparé de toutes ces matières; 3° que la fermentation peut produire depuis 12 jusqu'à 28 degrés de chaleur; (du moins je l'ai vue en activité entre ces deux extrêmes).

Dégagement de gaz.

Le gaz acide carbonique qui se dégage de la vendange, et ses effets nuisibles à la respiration, sont connus depuis que la fermentation est connue elle-même. Ce gaz s'échappe en bulles de tous les points de la vendange, s'élève dans la masse, et vient crever à la surface. Il déplace l'air atmosphérique qui repose sur la vendange, occupe partout le vide de la cuve, et déverse ensuite par les bords, en se précipitant dans les lieux les plus bas, à raison de sa pesanteur. C'est à la formation de ce gaz, qui enlève une portion d'oxygène et de carbonne aux principes constituants du moût, que nous rapporterons par la suite les principaux changements qui surviennent dans la fermentation.

Ce gaz, retenu dans la liqueur par tous les moyens qu'on peut opposer à son évaporation, contribue à lui conserver l'arome et une portion d'alcool qui s'exhalle avec lui. Les anciens connaissaient ces moyens, et ils distinguaient avec soin le produit d'une fermenta-

tion libre ou close, c'est-à-dire, faite dans
des vaisseaux fermés. Les vins mousseux ne
doivent la propriété de mousser qu'à ce qu'ils
ont été enfermés dans le verre avant qu'ils
eussent complété leur fermentation. Alors ce
gaz, lentement développé dans la liqueur, y
reste comprimé jusqu'au moment où, l'effort
de la compression venant à cesser par l'ouverture des vaisseaux, il peut s'échapper avec
force.

Ce gaz acide donne à toutes les liqueurs qui
en sont imprégnées une saveur aigrelette; les
eaux minérales appelées eaux gazeuses lui
doivent leur principale vertu. Mais ce serait
avoir une idée peu exacte de son véritable
état dans le vin, que de comparer ses effets
à ceux qu'il produit par sa libre dissolution
dans l'eau.

L'acide carbonique qui se dégage des vins
tient en dissolution une portion assez considérable d'alcool. Je crois avoir été le premier à faire connaître cette vérité, lorsque
j'ai enseigné qu'en exposant de l'eau pure
dans des vases placées immédiatement au-

dessus du chapeau de la vendange, au bout
de deux ou trois jours cette eau était imprégnée d'acide carbonique, et qu'il suffisait de
l'enfermer dans des bouteilles débouchées, et
de l'abandonner à elle-même pendant un
mois, pour obtenir un assez bon vinaigre. En
même temps que le vinaigre se forme, il se
précipite dans la liqueur des flocons abon-
dants, qui sont d'une nature très-analogue à
la fibre. Lorsqu'au lieu de se servir d'eau
pure on emploie de l'eau qui contient des sul-
fates terreux, telle que l'eau de puits, on voit
se développer, au moment de l'acétification,
une odeur de gaz hydrogène sulfuré, qui provient de la décomposition de l'acide sulfurique lui-même. Cette expérience prouve suffisamment que le gaz acide carbonique entraine avec lui de l'alcool et un peu de principe extractif; et que ces deux principes, nécessaires à la formation de l'acide acéteux,
en se décomposant ensuite par le contact de
l'air atmosphérique, produisent l'acide acéteux.

Mais l'alcool est-il dissous dans le gaz, ou

se volatilise-t-il par le seul fait de la chaleur?
On ne peut décider cette question que par des
expériences directes. D. Gentil avait observé,
en 1779, que, si on renversait une cloche de
verre sur le chapeau de la vendange en fermentation, les parois intérieures se remplis-
saient de gouttes d'un liquide qui avait l'o-
deur et les propriétés du premier phlegme
qui passe lorsqu'on distille l'eau-de-vie.

Humboldt a prouvé que, si l'on reçoit la
mousse du champagne sous des cloches, dans
l'appareil des gaz, et qu'on les entoure de
glace, il se précipite de l'alcool sur les parois, par la seule impression du froid. Il pa-
rait donc que l'alcool est dissous dans le gaz
acide carbonique; et c'est cette substance qui
communique au gaz vineux une portion des
propriétés qu'il a. Il n'est personne qui ne
sente, par l'impression même que fait sur nos
organes la mousse du vin de champagne, combien cette matière gazeuse est modifiée, et
diffère de l'acide carbonique pur.

Ce n'est pas le moût le plus sucré qui fournit le plus d'acide gazeux, et ce n'est pas lui

non plus qu'on emploie pour fabriquer ordinairement des vins mousseux. Si l'on suffoquait la fermentation de cette espèce de raisin, en l'enfermant dans des tonneaux ou bouteilles pour lui conserver le gaz qui se dégage, le principe sucré qui y abonde ne serait pas décomposé, et le vin en serait doux liquoreux, pâteux, désagréable. Il est des vins dont presque tout l'alcool est dissous dans le principe gazeux : celui de champagne nous en fournit une preuve.

Il est difficile d'obtenir du vin à la fois rouge et mousseux, attendu que, pour pouvoir le colorer, il faut le laisser fermenter sur le marc, et que, par cela même, le gaz acide se dissipe.

Il est des vins dont la fermentation lente se continue pendant plusieurs mois : ceux-ci, mis à propos dans des bouteilles, deviennent mousseux. Il n'est même, à la rigueur, que cette nature de vins qui puisse acquérir cette propriété : ceux dont la fermentation est naturellement tumultueuse terminent trop promptement leur travail, et briseraient les

vases dans lesquels on essaierait de les ren-
fermer.

Ce gaz acide est dangereux à respirer : tous
les animaux qui s'exposent imprudemment
dans son atmosphère y sont suffoqués. Ces
tristes évènements sont à craindre, lorsqu'on
fait fermenter la vendange dans des lieux bas,
et où l'air n'est pas renouvelé ; ce fluide gazeux déplace l'air atmosphérique et finit par
occuper tout l'intérieur du cellier. Il est d'autant plus dangereux qu'il est invisible comme
l'air ; et l'on ne saurait trop se précautionner
contre ses funestes effets. Pour s'assurer
qu'on ne court aucun risque en pénétrant dans
le lieu où fermente la vendange, il faut avoir
l'attention de porter une lumière en avant de
sa personne : il n'y a pas de danger tant que
la lumière brûle ; mais, lorsqu'on la voit s'af-
faiblir ou s'éteindre, il faut s'éloigner avec
prudence.

On peut prévenir ce danger, en saturant
le gaz à mesure qu'il se précipite sur le sol
de l'atelier ou de la cave, en disposant sur
plusieurs points du lait de chaux ou de la

chaux vive. On peut parvenir à désinfecter un lieu vicié par cette mortelle mofette, en projetant sur le sol et contre les murs de la chaux vive délayée et fusée dans l'eau. Une lessive alcaline caustique, telle que la lessive des savonniers, l'ammoniaque, produiraient de semblables effets. Dans tous ces cas, l'acide gazeux se combine instantanément avec ces matières, et l'air extérieur se précipite pour en occuper la place.

Formation de l'alcool.

Le principe sucré existe dans le moût, et en fait un des principaux caractères : il disparaît par la fermentation, et est remplacé par l'alcool qui caractérise essentiellement le vin.

Nous dirons, par la suite, de quelle manière on peut concevoir ce phénomène, ou cette suite intéressante de décomposition et de production. Il ne nous appartient, dans ce moment, que d'indiquer les principaux faits qui accompagnent la formation de l'alcool.

Comme le but et l'effet de la fermentation

spiritueuse se réduisent à produire de l'alcool
en décomposant le principe sucré, il s'en suit
que la formation de l'un est toujours en proportion de la destruction de l'autre, et que
l'alcool sera d'autant plus abondant, que le
principe sucré l'aura été lui-même; *c'est pour
cela qu'on augmente à volonté la quantité
d'alcool, en ajoutant du sucre au moût qui
paraît en manquer.*

Il suit toujours de ces mêmes principes que
la nature de la vendange en fermentation se
modifie et change à chaque instant; l'odeur,
le goût et tous les autres caractères varient
d'un moment à l'autre. Mais comme il y a
dans le travail de la fermentation une marche
très constante, on peut suivre tous ces changements, et les présenter comme des signes
invariables des divers états par lesquels passe
la vendange.

1° Le moût a une odeur douceâtre qui lui
est particulière; 2° la saveur en est plus ou
moins sucrée; 3° il est épais, et sa consistance
varie selon que le raisin est plus ou moins
mûr, plus ou moins sucré. J'en ai éprouvé

qui a marqué 75 degrés à l'aréomètre, et j'en ai vu d'autre qui ne donnait que 40 à 42. Il est très-soluble dans l'eau.

A peine la fermentation est-elle décidée, que tous les caractères changent; l'odeur commence à devenir piquante par le dégagement de l'acide carbonique; la saveur encore très-douce est néanmoins déjà mêlée d'un peu de piquant; la consistance diminue; la liqueur qui, jusque-là, n'avait présenté qu'un tout uniforme, laisse paraître des flocons qui deviennent de plus en plus insolubles.

Peu à peu la saveur sucrée s'affaiblit, et la vineuse se fortifie; la liqueur diminue sensiblement de consistance; les flocons détachés de la masse sont plus complètement isolés. L'odeur d'alcool se fait sentir même à une assez grande distance.

Enfin arrive un moment où le principe sucré n'est plus sensible; la saveur et l'odeur n'indiquent plus que de l'alcool : cependant tout le principe sucré n'est pas détruit; il en reste encore une portion dont l'existence n'est que masquée par celle de l'alcool qui prédomine, comme il est constaté par les expériences très-rigoureuses de D. Gentil.

La décomposition ultérieure de cette substance se fait à l'aide de la fermentation tranquille qui se continue dans les tonneaux.

Lorsque la fermentation a parcouru et terminé toutes ses périodes, il n'existe plus de sucre; la liqueur a acquis de la fluidité, et ne présente que de l'alcool mêlé avec un peu d'extrait et de principe colorant.

Coloration de la liqueur vineuse.

Le moût qui découle du raisin qu'on transporte de la vigne à la cuve, avant qu'on l'ait foulé, fermente seul, *donne le vin vierge, le protapon* des anciens, qui n'est pas coloré. Les raisins rouges dont on exprime le suc par le simple foulage fournissent du vin blanc, toutes les fois qu'on ne fait pas fermenter sur le marc.

Le vin se colore d'autant plus que la vendange reste plus longtemps en fermentation (1). *Le vin est d'autant moins coloré que*

(1) Ce qui ne veut pas dire en contact avec le marc.

le foulage a été moins fort, et qu'on s'est abstenu avec plus de soin de faire fermenter sur le marc (1). *Le vin est d'autant plus coloré que le raisin est plus mûr et moins aqueux.*

La liqueur que fournit le marc qu'on soumet au pressoir est plus colorée. Les vins méridionaux, et en général ceux qu'on récolte dans les lieux bien exposés au midi, sont plus colorés que les vins du nord.

Tels sont les axiomes pratiques qu'une longue expérience a sanctionnés. Il en résulte deux vérités fondamentales : la première, c'est que le principe colorant du vin existe dans la pellicule du raisin ; la seconde, c'est que ce principe ne se détache et ne se dissout complètement dans la vendange, que lorsque l'alcool y est développé.

Nous nous occuperons, en temps et lieu, de la nature de ce principe colorant ; et nous ferons voir que, quoiqu'il se rapproche des

(1) Ce qui veut dire qu'on le fait cuver sans le marc pressé.

résines par quelques propriétés, il en diffère néanmoins essentiellement.

Il n'est personne qui, d'après ce court exposé, ne puisse se rendre raison de tous les procédés usités pour obtenir des vins plus ou moins colorés, et qui ne sente déjà qu'il est au pouvoir de l'agriculteur de porter dans ses vins la teinte de couleur qu'il désire.

PRÉCEPTES GÉNÉRAUX SUR L'ART DE GOUVERNER LA FERMENTATION.

La fermentation n'a besoin ni de secours ni de remèdes, lorsque le raisin a obtenu son degré de maturité convenable, que l'atmosphère n'est pas trop froide, et que la masse de la vendange est du volume requis. Mais ces conditions, sans lesquelles on ne saurait obtenir de bons résultats, ne se réunissent pas toujours; et c'est à l'art qu'il appartient de rapprocher toutes les circonstances favorables, et d'éloigner tout ce qui peut nuire pour obtenir une bonne fermentation.

Les vices de la fermentation se déduisent

naturellement de la nature du raisin qui en
est le sujet, et de la température de l'air qui
peut être considérée comme un bien puissant
auxiliaire.

Le raisin peut ne pas contenir assez de
sucre pour donner lieu à une formation suffisante d'alcool : et ce vice peut provenir ou
de ce que le raisin n'est pas parvenu à maturité ou de ce que le sucre y est délayé dans
une quantité trop considérable d'eau, ou bien
encore de ce que, par la nature même du climat, le sucre ne peut pas suffisamment s'y
développer. Dans tous ces cas, il est deux
moyens de corriger le vice qui existe dans la
nature même du raisin : le premier consiste
à porter dans le moût le principe qui lui
manque ; une addition convenable de sucre
présente à la fermentation les matériaux nécessaires à la formation de l'alcool, et on
supplée par l'art au défaut de la nature. Il
paraît que les anciens connaissaient ce procédé, puisqu'ils mêlaient du miel au moût
qu'ils faisaient fermenter. Mais, de nos jours,
on a fait des expériences très-directes à ce

sujet, et je me bornerai à transcrire ici les résultats de celles qui ont été faites par Macquer.

« Au mois d'octobre 1776, je me suis procuré assez de raisins blancs, Pineau et Mélier, d'un jardin de Paris, pour faire vingt-cinq à trente pintes de vin. C'était du raisin de rebut ; je l'avais choisi exprès dans un si mauvais état de maturité, qu'on ne pouvait espérer d'en faire un vin potable : il y en avait près de la moitié dont une partie des grains et des grappes entières étaient si vertes, qu'on n'en pouvait supporter l'aigreur.

Sans autre précaution que celle de faire séparer tout ce qu'il y avait de pourri, j'ai fait écraser le reste avec les rafles, et exprimer le jus à la main ; le moût qui en est sorti était très-trouble, d'une couleur verte, sale, d'une saveur aigre-douce, où l'acide dominait tellement qu'il faisait faire la grimace à ceux qui en goûtaient. J'ai fait dissoudre dans ce moût assez de sucre brut pour lui donner la saveur d'un vin doux assez bon ; et, sans chaudière, sans entonnoir, sans four-

neau, je l'ai mis dans un tonneau, dans une
salle au fond d'un jardin, où il a été abandonné. La fermentation s'y est établie dans
la troisième journée, et s'y est soutenue pendant huit jours, d'une manière assez sensible,
mais pourtant fort modérée. Elle s'est apai-
sée d'elle-même après ce temps.

« Le vin qui en a résulté, étant tout nou-
vellement fait et encore trouble, avait une
odeur vineuse assez vive et assez piquante ; la
saveur avait quelque chose d'un peu revêche,
attendu que celle du sucre avait disparu aussi
complètement que s'il n'y en avait jamais eu.
Je l'ai laissé passer l'hiver dans son tonneau ;
et l'ayant examiné au mois de mars, j'ai
trouvé que, sans avoir été soutiré ni colé, il
était devenu clair ; sa saveur, quoique encore
assez vive et assez piquante, était pourtant
beaucoup plus agréable qu'immédiatement
après la fermentation sensible ; elle avait quelque chose de plus doux et de plus moëlleux,
et n'était mêlée néanmoins de rien qui ap-
prochât du sucre. J'ai fait mettre alors ce vin
en bouteilles, et l'ayant examiné au mois d'oc-

tobre 1777, j'ai trouvé qu'il était clair, fin, très-brillant, agréable au goût, généreux et chaud, et, en un mot, tel qu'un bon vin blanc de pur raisin, qui n'a rien de liquoreux et provenant d'un bon vignoble, dans une bonne année. Plusieurs connaisseurs, auxquels j'en ai fait goûter, en ont porté le même jugement et ne pouvaient croire qu'il provenait de raisins verts dont on eût corrigé le goût avec du sucre.

« Ce succès, qui avait passé mes espérances, m'a engagé à faire une nouvelle expérience du même genre, et encore plus décisive par l'extrême verdeur et la mauvaise qualité du raisin que j'ai employé.

« Le 6 novembre de l'année 1777, j'ai fait cueillir de dessus un berceau, dans un jardin de Paris, de l'espèce de gros raisins qui ne mûrit jamais bien dans ce climat-ci, et que nous ne connaissons que sous le nom de verjus, parce qu'on en fait guère d'autre usage que d'en exprimer le jus avant qu'il soit tourné, pour l'employer à la cuisine en qualité d'assaisonnement acide ; celui dont il s'agit com-

mençait à peine à tourner (1), quoique la saison fût fort avancée, et il avait été abandonné
dans son berceau, comme sans espérance
qu'il pût acquérir assez de maturité pour être
mangeable. Il était encore si dur, que j'ai
pris le parti de le faire crever sur le feu pour
pouvoir en tirer plus de jus : il m'en a fourni
huit à neuf pintes. Ce jus avait une saveur
très-acide, dans laquelle on distinguait à
peine une très-légère saveur sucrée; il m'en
a fallu beaucoup plus que pour le vin de
l'expérience précédente, parce que l'acidité
de ce dernier moût était beaucoup plus forte.
Après la dissolution de ce sucre, la saveur
de la liqueur quoique très-sucrée, n'avait rien
de flatteur, parce que le doux et l'aigre s'y
faisaient sentir assez vivement et séparément,
d'une manière désagréable.

« J'ai mis cette espèce de moût dans une
cruche qui n'en était pas entièrement pleine,
couverte d'un simple linge; et la saison étant
déjà très-froide, je l'ai placée dans une salle

(1) Varier.

où la chaleur était presque toujours de 12 à
13 degrés, par le moyen d'un poële.

« Quatre jours après, la fermentation n'é-
tait pas encore bien sensible ; la liqueur me
paraissait tout aussi sucrée et tout aussi acide;
mais ces deux saveurs commençant à être
mieux combinées, il en résultait un tout plus
agréable au goût.

« Le 14 novembre, la fermentation était
dans sa force, une bougie allumée introduite
dans le vide de la cruche s'y éteignait aussitôt.

« Le 30, la fermentation sensible avait entièrement cessé, la bougie ne s'éteignait plus
dans l'intérieur de la cruche; le vin qui en
avait résulté était néanmoins très-trouble et
blanchâtre ; sa saveur n'avait presque plus
rien de sucré, elle était vive, piquante, assez
agréable, comme celle d'un vin généreux et
chaud, mais un peu gazeux et un peu vert.

« J'ai bouché la cruche et l'ai mise dans
un lieu frais pour que le vin achevât de s'y
perfectionner par la fermentation insensible
pendant tout l'hiver.

« Enfin le 17 mars dernier 1778, ayant examiné ce vin, je l'ai trouvé presque totalement
éclairci; son reste de saveur sucrée avait disparu ainsi que son acide. C'était celle d'un
vin de pur raisin assez fort, ne manquant
point d'agrément, mais sans aucun parfum ni
bouquet, parce que le raisin, que nous nom-
mons verjus n'a point du tout de principe
odorant ou d'esprit recteur; à cela près, ce
vin qui est tout nouveau, et qui a encore à
gagner par la fermentation que je nomme insensible, promet de devenir généreux, moëlleux et agréable. »

Ces expériences me paraissent prouver avec
évidence que le meilleur moyen de remédier
au défaut de maturité des raisins est de suivre
ce que la nature nous indique, c'est-à-dire,
d'introduire dans le moût la quantité de principe sucré nécessaire qu'elle n'a pu leur donner. Ce moyen est d'autant plus praticable,
que non seulement le sucre, mais encore le
miel, la mélasse, et toute autre matière sac-
charine d'un moindre prix, peuvent produire
le même effet, pourvu qu'ils n'aient *point de*

saveur accessoire désagréable qui ne puisse être détruite par une bonne fermentation (1).

Bullion faisait fermenter le jus des treilles de son parc de Bellejames en y ajoutant quinze à vingt livres de sucre par muids ; le vin qui en provenait était de bonne qualité.

Rosier a proposé depuis longtemps de faciliter la fermentation du moût et d'améliorer les vins par l'addition du miel dans la proportion d'une livre sur deux cents du moût. Tous ces procédés reposent sur le même principe, savoir : qu'il ne se produit pas d'alcool là où il n'y a pas de sucre, et que la fermentation de l'alcool, et conséquemment la générosité du vin, est constamment proportionnée à la quantité de sucre existant dans le moût; d'après cela, il est évident qu'on peut porter son vin au degré de spirituosité qu'on désire, quelle que soit la qualité primitive du moût, en y ajoutant plus ou moins de sucre.

Rozier a prouvé (et l'on peut parvenir au même résultat en calculant les expériences

(1) Justement c'est ce qui arrive en se servant de mélasse non rectifiée.

de Bullion), que la valeur du produit de la
fermentation est très-supérieure aux prix des
matières employées, de sorte qu'on peut présenter ces procédés comme objets d'écono-
mie et comme matière à spéculation.

Il est encore possible de corriger la qualité du raisin par d'autres moyens qui sont
journellement pratiqués. On fait bouillir une
portion du moût dans une chaudière, on le
rapproche (1) à moitié, on le verse ensuite
dans la cuve. Par ce procédé, la partie aqueuse
se dissipe en partie, et la portion de sucre se
trouvant alors moins délayée, la fermentation
marche avec plus de régularité, et le produit
en est plus généreux. Ce procédé, presque
toujours utile dans le Nord, ne peut être employé dans le Midi que lorsque la saison a été
très-pluvieuse ou que le raisin n'y est pas
assez mùr.

On peut parvenir au même but en faisant
dessécher le raisin au soleil, ou l'exposant, à
cet effet, dans des étuves, ainsi que cela se

_____

(1) Rapprocher veut dire *réduire*.

pratique dans quelques pays de vignobles.

C'est peut-être encore par la même raison, toujours dans l'intention d'absorber l'humidité, qu'on met quelquefois du plâtre dans la cuve ainsi que le pratiquaient les anciens.

Il arrive quelquefois que le moût est à la fois trop épais et trop sucré. Dans ce cas, la fermentation est toujours lente et imparfaite; les vins sont doux, liquoreux et pâteux, et ce n'est qu'après un long séjour dans des bouteilles que le vin s'éclaircit, perd le pâteux désagréable, et ne présente plus que de très-bonnes qualités. La plupart des vins blancs d'Espagne sont dans ce cas-là. Cette qualité de vin a néanmoins ses partisans; et il est des pays où, à cet effet, l'on rapproche le moût par la cuisson; il en est d'autres ou l'on dessèche le raisin par le soleil ou dans des étuves, jusqu'à lui donner presque la consistance d'un extrait.

Il serait aisé, dans tous les cas, de provoquer la fermentation, soit en délayant, à l'aide de l'eau, un moût trop épais, *soit en agitant la vendange à mesure qu'elle fermente;*

mais tout cela doit être subordonné au but
qu'on se propose, et l'agriculteur intelligent
variera ses procédés selon l'effet qu'il se pro-
posera d'obtenir.

On ne doit jamais perdre de vue que la
fermentation doit être gouvernée d'après la
nature du raisin et conformément à la qualité
de vin qu'on désire obtenir. Le raisin de
Bourgogne ne peut pas être traité comme celui du Languedoc; le mérite de l'un est dans
un bouquet qui se dissiperait par une fermentation vive et prolongée (1); le mérite de
l'autre est dans la grande quantité d'alcool
qu'on peut y développer, et ici la fermentation dans la cuve doit être longue et complète. En Champagne, on cueille le raisin
destiné pour le vin blanc mousseux dès le
matin, avant que le soleil en ait évaporé toute
l'humidité (2); et, dans le même pays, on ne

(1) Ce qui établit positivement le procédé que j'indique
des cuvages de courte durée et que j'ai expérimenté.

(2) Le procédé de cueillir le raisin chargé de rosée est
inutile, ce n'est pas de là que la mousse provient, mais
bien de la partie sucrée contenue dans le moût préparé à
cet effet (Voir l'Art. des vins blancs).

coupe le raisin destiné à la fabrication du rouge, que lorsque le soleil l'a fortement frappé et bien séché. Ici, il faut de la chaleur artificielle pour provoquer la fermentation; là, la nature du moût est telle que la fermentation demanderait à être modérée. Les vins faibles doivent fermenter dans les tonneaux; les vins forts doivent travailler dans la cuve. Chaque pays a donc des procédés qui lui sont prescrits par la nature même de ses raisins; et il est extraordinairement ridicule de vouloir tout soumettre à la même règle. Il importe de connaître bien la nature de son raisin et les principes de la fermentation; à l'aide de ces connaissances, on se fera un système de conduite qui ne peut qu'être très-avantageux, parce qu'il est fondé, non sur des hypothèses, mais sur la nature même des choses.

Dans les pays froids, où le raisin est peu sucré et très-aqueux, il fermente difficilement; on provoque la fermentation par deux ou trois moyens principaux : 1º À l'aide d'un entonnoir en fer-blanc, qui descend par un corps large à quatre pouces du fond de la cuve, on peut en verser deux seaux sur 300 litres de moût ou 450 de vendange . Ce procédé pro- posé par Maupin, a produit de bons effets.

2° On remue et agite la vendange de temps en temps. Ce mouvement a l'avantage de ré- tablir la fermentation quand elle a cessé ou qu'elle s'est ralentie, et de la rendre égale sous tous les points.

3° On recouvre la vendange avec des cou- vertures de même que la cuve.

4° On échauffe l'atmosphère du lieu dans lequel la cuve a été placée.

Il arrive souvent que le mouvement de la vendange se ralentit ou que la chaleur est inégale dans les divers points : c'est pour ob- vier à ces inconvénients, surtout dans les pays froids où ils sont plus fréquents , qu'on foule la vendange de temps en temps. D. Gentil a fait deux cuvées de dix-huit pièces chacune, avec des raisins provenant de la même vigne, et cueillis en même temps; le grain fut égrappé et écrasé; égalité de suc de part et d'autre; la vendange mise dans des cuves égales; les

jours; mais surtout les nuits et les matinées
étaient très-froids.

Au bout de quelques jours, la fermentation
commença : on aperçut que le centre des
cuves était très-chaud et les bords très-froids;
les cuves se touchaient, et toutes deux éprou-
vaient la même température. On en fit fouler
une avec un fouloir à long manche; on poussa
vers le centre, qui était le foyer de la chaleur, la vendange des bords qui était froide;
on foula à plusieurs reprises, et on entretint
par ce moyen la même chaleur dans toute la
masse. La fermentation fut terminée dans la
cuve foulée douze à quinze heures plutôt que
dans l'autre. Le vin en fut incomparablement
meilleur, il était plus délicat, avait une saveur
plus fine, était plus coloré, plus franc. On
n'eût point dit qu'il provenait de raisins de
même nature.

Les anciens mêlaient des aromates à la
vendange en fermentation pour donner à leurs
vins des qualités particulières. Pline raconte
qu'en Italie, il était reçu de répandre de la
poix et de la résine dans la vendange, *ut odor*

9

vino contingeret et saporis acumen. Nous
trouvons, dans tous les écrits de ce temps là,
des recettes nombreuses pour parfumer les
vins. Ces divers procédés ne sont plus usités,
j'ai cependant de la peine à croire qu'on n'en
tirât pas un grand avantage. Cette partie très-
intéressante de l'œnologie mérite une attention particulière de la part de l'agriculteur.
Nous pouvons même en présager d'heureux
effets, d'après l'usage pratiqué dans quelques
pays de parfumer les vins avec la framboise,
la fleur sèche de la vigne, etc.

En résumé, pour faire de bons vins, il faut
une parfaite maturité. C'est une condition indispensable pour avoir des vins alcooliques
et chargés en couleur. Sans maturité, il n'y a
point de vins généreux, point de vins colorés.
On ne récolte que des vins faibles qui ne se
conservent pas ou qui, loin de se bonifier,
deviennent plus mauvais en vieillissant.
Dans les vignobles situés dans le nord, où

l'on récolte ordinairement des vins faibles, on peut, au moyen du sucrage et de l'acide tartrique, leur rendre ce qui leur manque en alcool, les bonifier et les conserver.

Dans les vignobles plus avantageusement placés, on peut, par le même moyen, beaucoup améliorer les vins, dans les mauvaises années.

Tels sont les grands avantages que retireront les personnes qui voudront profiter de mes conseils et avoir confiance en ma vieille expérience.

FIN.

TABLE DES MATIÈRES.

FIN DE LA TABLE.

Imp. de Henri DAMELET, à Lons-le-Saunier.

ERRATA DE MA PREMIÈRE BROCHURE.

Page 24, ligne 24, *au lieu de* : on recherchera, *lisez* : on retranchera.

Page 24, ligne 28, *au lieu de* : bouton, *lisez* : bourgeon.

Page 28, ligne 22, *au lieu de* : le mal n'en devient que moindre, *lisez* : le mal n'en sera pas plus grand.

Page 34, ligne 10, *au lieu de* : vos raisins bravent, *lisez* : vos raisins braveront.

Page 38, ligne 23, *au lieu de* : se distend, *lisez* : se détend.

Page 57, ligne 1re, *au lieu de* : cave, *lisez* : cuve.